KB263644

세상을 이해하기 위한
최소한의 화학

세상을 이해하기 위한
최소한의 화학

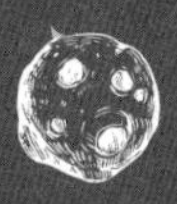

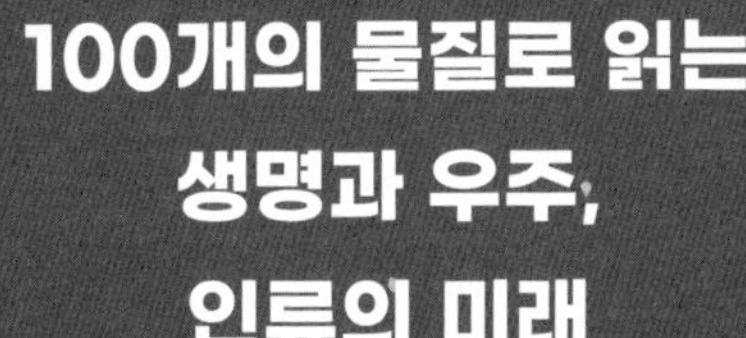

100개의 물질로 읽는
생명과 우주,
인류의 미래

김성수 지음

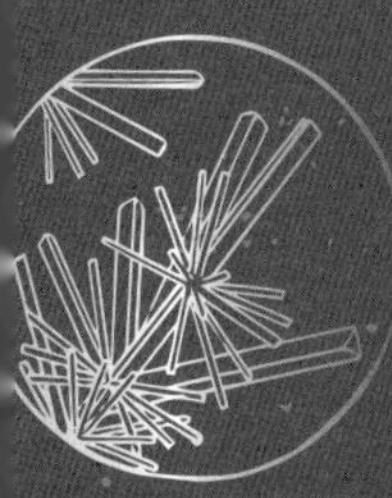
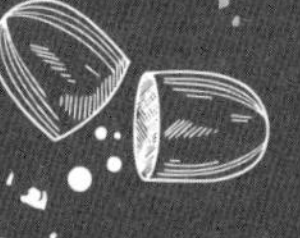

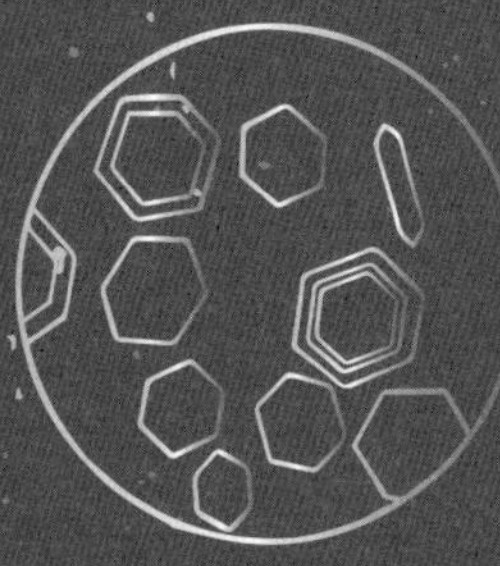

지상의책

일러두기

1. 이 책에 나오는 원소, 화합물 등 화학물질의 명칭은 대한화학회의 명명법을 따랐다.
2. 화학물질은 각 장에 처음 등장할 때 한글 이름과 화학식을 병기하고 이후에는 화학식으로 대체하였다. 단, 각 장의 표제가 되는 화학물질은 해당 장에서는 한글로 표기했다.
3. 본문에 실린 그림은 표제가 되는 화학물질의 분자 구조 화학식이다. 단, 본문 내용과 관련된 그림은 해당 설명 부분에 (그림 참조) 표시를 해두었다.
4. 각주는 ●으로 표기하고 해당 장의 끝에, 미주는 숫자로 표기하고 부별로 정리해 책의 말미에 실었다.
5. 화합물의 성질을 밝히기 위해 분자 내의 화학적 특성을 쉽게 알 수 있도록 나타낸 시성식示性式과 작용기는 고딕체로 표기하였다. 예를 들면, 알코올의 분자식 C_2H_6O의 시성식은 C_2H_5OH이다.
6. 다른 장의 내용과 함께 읽으면 좋은 부분에는 ▶과 해당 장의 번호를 윗첨자로 적었다.
7. 단행본은 겹꺾쇠표(《》)로, 신문·잡지·영화 등은 홑꺾쇠표(〈〉)로 표기하였다.

들어가며

머리말을 쓰려고 하니, 어렸을 때 아버지와 시내에 대동서림이라는 서점에 갔던 일이 떠오른다. 국민학교가 초등학교로 이름을 바꿀 무렵, 그날 아버지와 함께 서점에서 산 책은 《온 가족 논리 게임》이라는 일종의 보드게임 모음집이었다. 스프링 제본된 그 책의 서문이 무척 흥미로웠는데, 저자의 이야기는 이러했다. 저자는 우주여행 중에 나이와 상관없이 간단한 규칙을 가지고 즐길 수 있는 보드게임 하나를 추천해 달라는 부탁을 받았다. 몇 날 며칠을 고민한 끝에 겨우 15개의 게임을 고르는 데까지는 성공했지만 여기서 14개를 더 줄이는 것은 매우 난감한 일이었다. 이때 뜻밖에도 우주여행 계획이 취소되었다는 반가운(?) 소식이 들려왔고, 저자는 기왕 모아놓은 15개의 게임을 책으로 엮어 출판했다.

위 책의 원작 《The book of classic board games》의 저자인 시드 색슨 Sid Sackson 은 유명한 보드게임 수집가이자 개발자였는데, 살아생전 1만 5,000개가 넘는 보드게임을 수집했고, 2만 개가 넘는 완성된 보드게임 아이디어를 갖고 있었다고 한다. 저자의 이력을 알고 나니, 수많은 게임 중에서 많은 사람들이 보편적으로 좋아할 만한 게임 15개를 엄선하는 일은 의외로 고되고 힘들지 않았을까? 하는 생각이 들었다.

과장을 보태 말하자면, 이 책의 집필을 제안받은 내 처지도 비슷했다. 나야 경력이 짧은 연구자에 불과하지만, 그래도 지금까지 배웠거나 다뤄 본 화학물질만 해도 시드 색슨이 알고 있던 보드게임 개수 정도는 될 텐데, 그중에서 100개의 물질을 뽑아 글을 써달라니! 출판사에서는 화학물질을 고르는 기준을 전적으로 내게 위임했는데, 이 통 큰 양보야말로 나를 더욱 곤혹스럽게 했다. 나침반 없이 남극의 광활한 설원 위에 홀로 덩그러니 놓인 기분이랄까?

하지만 화학은 어디서나 발견할 수 있다. 우주와 별의 역사도 화학이고(1부), 지구의 암석과 바다, 대기 역시 화학이 다루는 대표적인 고체, 액체, 기체다(2부). 지구에 터전을 잡고 살아가는 온갖 생물들의 삶은 화학으로 설명 가능하고(3부), 이러한 지식을 화학이라는 단어로 설명하고 이해하고자 애쓰는 인간의 역사 역시 화학의 관점에서 바라볼 수 있다(4~5부). 그리고 귀소본능을 가진 연어처럼 은하수와 허공을 건너 새로운 세상으로 나아가고자 하는 인간의 열망 역시 화학 없이는 이룰 수 없다(6부). 이 책을 손에 든 독자들의 화학 지식은 천차만별이겠지만, 태양과 공기와 풀벌레, 선사 시대와 제2차 세계대전과 우주개발까지 충분히 아우를 수 있는 화학의 넓은 오지랖(!)에 새삼 놀라지 않을 수 없을 것이다. 물론 전공 학문에 따라 의견의 차이는 있겠지만, 필자는 이처럼 어떠한 학문 분야와도 연계하고 소통할 수 있는 화학이야말로 진정한 '중심 과학 central science'이라 생각한다.

장구한 대우주 및 소우주의 역사를 100개의 화학물질로 소개한다는 것은 애초에 불가능한 과제다. 하지만 이 중에 독자의 마음을 유난히 울리는 화학물질 하나쯤은 있지 않을까? 우주에서 출발하여 우주로 끝나는 중심 과학의 여정이 모든 독자에게 순조롭기를, 그리고 그 과정 중에 화학을 알아가는 즐거움을 음미할 수 있기를 바랄 뿐이다. 서문에 붙여, 집필을 독려해 주시고 졸문의 모음집을 멋진 책으로 만들어 주신 갈매나무 출판사 관계자분들께 깊은 감사의 말씀을 전한다.

2025년 12월

익산 항심재恒心齋 에서

차 례

3부 모든 생명체는 별의 자손이다

4부 인류의 발견에서 문명의 발전으로

5부 화학 합성의 양날

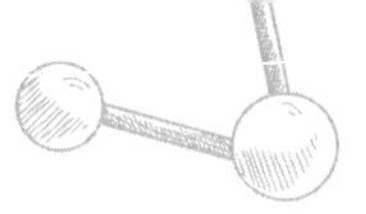

6부 다시 끝없는 우주를 향해

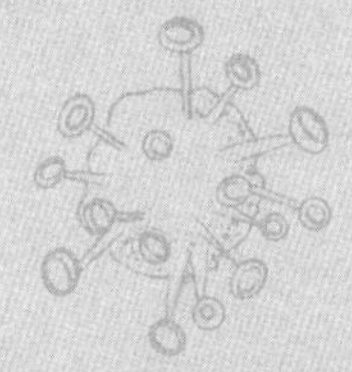

1부

가장 작은 우주로부터

"화학은 별에서 시작된다."

·

피터 앳킨스

Peter Atkins

———

교재 《What is Chemistry?》 에서

세상 어느 것도 무無에서 저절로 생겨나지 않는다. 우리의 생명이 부모님의 사랑에서 연유하였듯 모든 결과에는 원인이 있기 마련이다. 이를 화학적인 의미를 담아 달리 말하자면, 모든 생성물은 반응물이 일으킨 화학반응의 결과물이다. 온 우주에 퍼져 있는 물질도 각자의 특성은 다르지만 이들의 기원을 추적해 보면 하나의 사건으로 수렴하게 되는데, 이는 전 세계에 퍼져 있는 온 인류의 공통 조상이 아프리카에 있었다는 학자들의 추정보다 더 확실한 사실이다. 이제 우리의 여정은 물질의 아담Adam과 하와Eve를 찾는 것에서 출발해야 한다.

001

수소 원자 H

가장 작은 원자

우주의 시작, 물질의 시작

우주가 언제 어떻게 만들어졌는지에 대해 완벽한 답을 제공해 줄 수 있는 사람은 이 세상에 존재하지 않는다. 이 분야에서 고대부터 수많은 사람들이 해온 일이라곤 단지 관찰을 통해 얻을 수 있는 정보와 당대 사회의 문화를 기반으로 자신들만의 가설을 세워 어림잡아 추측하는 게 전부였다. 우주론은 워낙 거대한 담론이었고, 과거에는 거대 과학의 가설 검증을 위한 측정이 불가능했기에 우주의 기원은 과학이 아닌 종교가 주로 다루는 논제였다.

그러나 과학의 눈부신 발전은 상상의 영역에 있던 우주라는 대상을 관찰과 사고, 검증의 영역으로 옮겨 놓았고, 그 결과 등장한 것이 바로 빅뱅 이론Big Bang theory 이라는, 이름만큼이나 폭발적으로 대중적인 우주론이다. 북극에 가서 '북쪽이 어디인가요?'라고 묻는 것만큼이나 빅뱅이 일어나기 전 '우주를 구성하는 화학물질은 무엇인가요?'라고 묻는 것은 무의미하다. 시간과 공간의 개념과 마찬가지로 화학물질 또한 우주의 시작, 즉 빅뱅 이후에야 비로소 의미를 가진다. 빅뱅으로 생성된 기본 입자들이 모이면서 화학물질을 구성하는 기본 단위인 원자atom 가 비로소 만들어진 것이다.

수소 원자의 모양

빅뱅 이론의 창시자라고 할 수 있는 벨기에 신부 조르주 르메트르Georges Lemaître 가 '불꽃놀이'에 비유한 우주 최초의 대폭발은 138억 년 전쯤 일어났다고 한다.[1] 이때 생성된 쿼크quark 와 이들을 강력하게 묶어주는 글루온gluon 이 서로 뭉치면서 원자를 구성하는 주요 입자 중 하나인 양성자p, proton 를 형성하였다. 한편 전자n, electron 는 이미 빅뱅 이후 세상에 태어나 갓 태어난 우주 속을 활발히 떠돌고 있었다. 초기 우주의 온도는 무지막지하게 뜨거웠기 때문에 양성자와 전자는 정신 없이 개별 활동을 하기에 여념이 없었으나, 대략 38만 년이 지난 이후 우주가 충분히 식고 나자, 더 이상 홀로 돌아다니기에는 불안정해진 양성자의 양(+)전하와 전자의 음(-)전하 사이의 정전기적 인력이 작용하면서 비로소 양성자 하나와 전자 하나가 함께 어우러지게 되었다. 이러한 재결합반응의 결과, 전기적 중성의 원자가 만들어졌으니, 곧 수소 원자hydrogen atom 의 탄생이었다(그림 참조).

　애석하게도 인류가 원자 속 음양의 조화를 이해하기에는 원자의 크기가 너무나도 작았다. 하지만 보이지 않는 원자에 대한 지식이 축적되는 가운데 1897년과 1917년에 각각 원자를 구성하는 주요 입자인 전자와 양성자가 발견되면서, 학자들은 서로 다른 전하를 가진 두 입자가 어떤 형태로 원자 내에 존재하는지에 대해 다양한 의견을 내놓

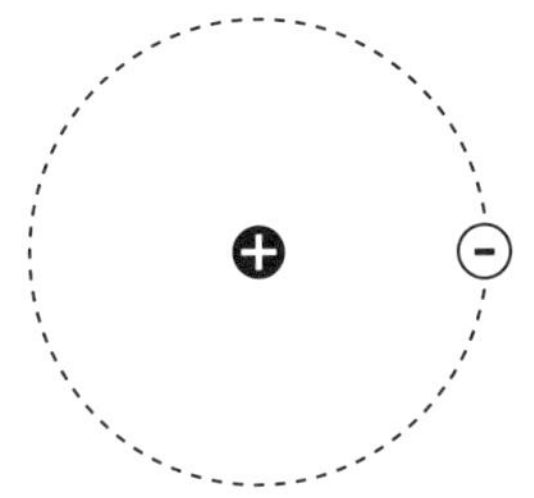

기 시작했다. 그중 수소 원자의 방출 스펙트럼에 주목한 덴마크 물리학자 닐스 보어 Niels Bohr 는 전자가 마치 태양 주변을 도는 행성처럼 공전한다는, 당시로서는 파격적이지만 실험적으로 잘 들어맞는 모델을 제안했고, 그의 이름을 딴 파동 방정식으로 유명한 독일 물리학자 에르빈 슈뢰딩거 Erwin Schrödinger 는 자신의 양자역학 이론을 수소 원자에 적용했을 때 보어 모델의 결과와 완벽히 일치함을 확인하였다.

우주의 기원과 함께 탄생한 물질세계의 가장 작은 구성 요소인 수소 원자가 우주의 기본 구성 요소와 원리를 이해하는 길을 제시했다는 사실은 무척 흥미롭고 의미심장하기까지 하다.

원자의 생김새

국제순수·응용화학연합 IUPAC의 정의에 따르면, 원자 atom 는 화학 원소 element 를 특징짓는 가장 작은 입자를 일컫는다. 원소가 모든 물질을 구성하는 기본 요소이므로 물질세계는 원자로 이루어져 있다고 말할 수 있는데, 영국 화학자 존 돌턴 John Dalton 은 더 이상 쪼갤 수 없으며 화학반응 과정에서 결합하거나 분리될지언정 무無에서 새로 생성되거나 소멸하지 않는 입자를 원자라고 정의했다.

원자를 쪼갤 수 없다는 믿음은 영국 물리학자 조지프 톰슨 Joseph Thomson 이 음극선 cathode ray 을 발견하면서 흔들리게 되었다. 톰슨은 음전하를 띠면서도 원자보다 훨씬 작은 입자가 있다는 것을 간파했고, 이들이 양전하를 띤 거대한 공에 콕콕 박혀 있는 것이 원자의 진짜 모습이라고 생각했다.

하지만 양전하의 원자 내 분포는 톰슨이 생각했던 것과 같지 않았다. 뉴질랜드 물리학자 어니스트 러더퍼드 Ernest Rutherford 는 양전하를 띤 알파입자를 얇은 금(Au) 호일에 통과시켰다. 몇몇 입자들이 도로 튕겨 나오는 것을 발견한 러더퍼드는 양전하가 특정 지점에 밀집해 있기 때문이라는 결론을 내렸다. 수정된 원자 모형에서는 양전하를 띤 양성자가 중심핵에 모여 있고, 음전하를 띤 전자는 핵 주변을 공전했다.

그런데 러더퍼드의 모형은 물리학적으로는 절대 안정하게 존재할 수 없는 태생적 모순을 안고 있었다. 닐스 보어는 기존의 뉴턴 역학의 법칙을 따르

면서도, 20세기 초반부터 고개를 들기 시작하던 양자역학 개념을 빌려 러더

퍼드 모형에 수정을 가했다. 그의 주장에 따르면, 전자는 핵 주변에서 공전

하고 있지만, 에너지와 관련된 궤도의 반경은 양자역학에 따라 띄엄띄엄하

게 특정된 값들로 정해져 있다. 그 누구도 에너지값이 불연속적이어야만 한

다는 사실을 받아들일 이유는 없었지만, 보어의 모형만큼 실험 결과를 정확

히 설명해 주는 모형은 없었기에 많은 학자들은 보어의 주장을 받아들였다.

그러나 양자역학의 발전은 구체적으로 발전하던 원자 모형을 다시 관념

속 심상의 영역으로 보내버렸다. 프랑스 물리학자 루이 드 브로이Louis de

Brogile 는 우리가 입자라고 생각했던 존재가 파동의 성질을 가진다는 물질

파matter wave 개념을 제창했다. 에르빈 슈뢰딩거는 이 물질파 개념에 따라

원자 내 전자의 상태를 명쾌하게 설명할 수 있는, 일명 '슈뢰딩거 방정식'을

발표했다.

$$-\frac{\hbar^2}{2m}\nabla^2\psi + V\psi = E\psi$$

슈뢰딩거 방정식을 풀면 전자의 움직임을 정확하게 기술할 수 있을 것만

같다. 하지만 독일 물리학자 베르너 하이젠베르크Werner Heisenberg 는 전자

의 움직임을 예측할 수 있을 것이라는 가능성을 완전히 없애버렸다. 하이젠

베르크의 불확정성 원리 Uncertainty principle 에 따르면, 입자의 위치와 운동량을 동시에 측정할 수는 없다. 우리가 알 수 있는 것은 기껏 원자 속 어딘가에 전자가 존재할 확률이 어느 정도인지에 불과하다. 그 확률 분포는 슈뢰딩거의 방정식에 등장하는 파동 함수 ψ 와 관련되어 있으며 우리는 이것을 오비탈 orbital 이라고 부른다.

현대 원자 오비탈 모형 그림을 보면 원자핵 주변으로 뿌연 구름들이 그려져 있는데, 전자가 발견될 확률이 높은 영역을 표현한 것일 뿐 전자가 구름처럼 핵 주변에 퍼져 있다는 뜻은 아니다.

002

중수소 ^{2}H

동위원소의 등장

양성자와 중성자의 동거

양성자는 $+\frac{2}{3}$의 전하를 띠는 업up 쿼크 두 개와 $-\frac{1}{3}$의 전하를 띠는 다운down 쿼크 하나로 구성되어 있다. 그래서 양성자는 $\frac{2}{3}+\frac{2}{3}-\frac{1}{3}=1$의 양전하를 띠는 것이다. 그런데 이런 쿼크 조합만이 유일하지는 않았다. 수많은 입자가 만들어지던 빅뱅 초기, 개중에는 업 쿼크 하나와 다운 쿼크 두 개가 모여 만들어진 입자도 무수히 생겨났다. 이렇게 만들어진 입자는 $\frac{2}{3}-\frac{1}{3}-\frac{1}{3}=0$, 즉 전하를 띠지 않는 중성 입자였다. 훗날 실험적으로 이 입자의 존재를 발견한 영국의 물리학자 제임스 채드윅James Chadwick 은 이를 중성자neutron 라고 불렀다.[2]

빅뱅 직후 공간을 떠돌던 양성자와 중성자는 우주가 점차 식어가면서 홀로서기가 무척 어려워졌다. 이때 양성자와 중성자는 서로 1fm(펨토미터)● 수준으로 가까운 거리에 놓이면 **강한 핵력**이라는 강력한 상호작용을 하며 안정적으로 붙게 된다는 것을 알게 되었다. 물론 대부분의 양성자들은 주변의 전자와 조화를 이루며 수소 원자를 만들어 내는 길을 택했지만, 그보다 성질이 급했던 일부 양성자들은 전자와 재

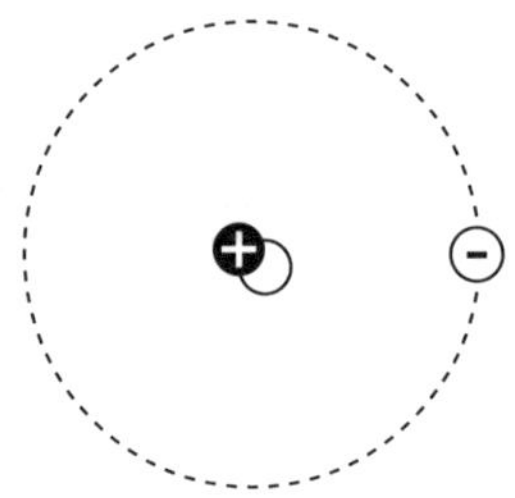

결합하기도 전에 주변의 중성자와 함께 살림을 먼저 차려놓고서 그 후에 전자를 초대했다. 이렇게 해서 두 개의 입자가 함께 핵을 구성한 기이한 수소 원자, 중수소(^{2}H)가 만들어졌다(그림 참조).

중수소의 발견

양성자의 질량은 1.673×10^{-27}kg, 전자의 질량은 9.109×10^{-31}kg 정도로, 양성자가 전자보다 약 1,836배 무겁다. 그래서 수소 원자의 질량은 거의 양성자의 질량과 비슷하다고 할 수 있다. 그런데 중성자의 질량도 양성자의 질량과 비슷한 수준인 1.675×10^{-27}kg이다. 그러니 이 기이한 수소 원자의 질량은 거의 수소 원자의 두 배가 될 것이다. 과학자들은 이를 좀 더 간단하게 표현하기 위해 핵 안에 존재하는 양성자와 중성자의 개수를 더한 질량수mass number 라는 개념을 도입했는데, 핵에 양성자가 하나 있는 수소는 질량수가 1, 양성자와 중성자를 같이 가지고 있는 수소의 질량수는 2라고 할 수 있다.

질량수가 2인 수소 원자의 존재가 지구상에서 처음 확인된 것은 중성자 발견이 세상에 보고되기도 전이었던 1931년 미국에서였다.[3] 미국 화학자 해럴드 유리Harold Urey는 극저온의 액화 수소를 기화하는 과정에서 기존에 알려진 수소 원자보다 갑절로 무거운 수소 원자를 발견했다. 유리는 이 특이한 수소 원자를 고전 그리스어로 '두 번째'를 뜻하는 단어 '데우테로스δεύτερος'에서 따와 듀테륨deuterium 이라고 불렀는데, 한국어로는 일반 수소보다는 무겁다는 뜻에서 '무거울 중重'을 붙여 중수소라고 부른다. 하지만 일반 수소와 중수소는 질량에만 차이가 있을 뿐, 원자번호를 의미하는 양성자 개수는 한 개로 똑같았으므로 주기율표 상에서는 같은 1번 위치에 있어야 했다. 그래서 이처럼 원자핵 내 양성자 개수는 같아도 중성자 개수가 달라 원자량에만 차이가 있는 원소들을 동위원소isotope 라고 불렀다.

1931년이 되어서야 중수소의 존재가 확인된 것은 우리 주변에서 중수소가 드물게 존재했기 때문이다. 예를 들어 국제원자력기구 IAEA의 기준에 따르면••, 바닷물 속에 일반 수소 원자가 100만 개 있다고 할 때 중수소의 개수는 고작 156개 정도라고 한다. 그러니 수소 원자의 화학적 구조를 충분히 이해하고 있다고 믿었던 당시 학자들이 중수소의 발견에 큰 충격을 받은 것은 당연한 일이었다. 해럴드 유리는 중수소 발견을 보고한 지 얼마 지나지 않은 1934년에 노벨 물리학상을 수상했고, 중수소를 구성하는 핵심적인 요소인 중성자를 발견한 제임스 채드윅은 이듬해인 1935년에 노벨 물리학상을 수상했다.

•　　fm(=femtometer)는 10^{-15}m를 의미한다.

••　　IAEA는 빈 표준 평균 바닷물Vienna Standard Mean Ocean Water 을 지정하여 지구상 바닷물의 표준으로 삼은 바 있다.

003

헬륨 기체 He

최초의 비활성기체[26]

우주의 첫 핵융합

빅뱅 이후 우주에 흩뿌려진 중수소들도 가만히 있을 수 없었다. 아직 우주가 차갑게 식기 전이었으니 중수소는 더 안정해지기 위해 강한 핵력을 통해서 또 다른 양성자, 혹은 중성자를 더부살이 회원으로 받아들일 준비가 되어 있는 상태였다. 고심 끝에 중수소 핵이 고른 동반자는 양성자였고, 이로써 양성자 2개를 가진 원자핵이 우주 최초로 만들어졌다. 2개의 가벼운 원자핵이 반응하여 보다 무거운 원자핵 하나가 만들어지는 현상을 핵융합nuclear fusion 이라고 하는데, 질량수만 늘어났던 중수소 핵의 융합과는 달리 원자번호까지 늘어나는 핵융합이 빅뱅 직후에 일어난 것이었다. 여기에 전자 2개가 결합하여 만들어진 질량수 3의 원자를 헬륨helium -3(^{3}He)라고 부른다.

애석하게도 ^{3}He의 원자핵은 중수소의 바람만큼 안정하지 못했다. 양성자는 짝을 이뤄 2개씩 있는데, 중성자만 1개 홀로 있으니 불안할 만도 하지 않았을까? 그래서 우주가 식기 전 수많은 반응을 거친 결과 중성자 하나가 ^{3}He에 추가되면서 헬륨-4(^{4}He)가 만들어졌는데, 정말

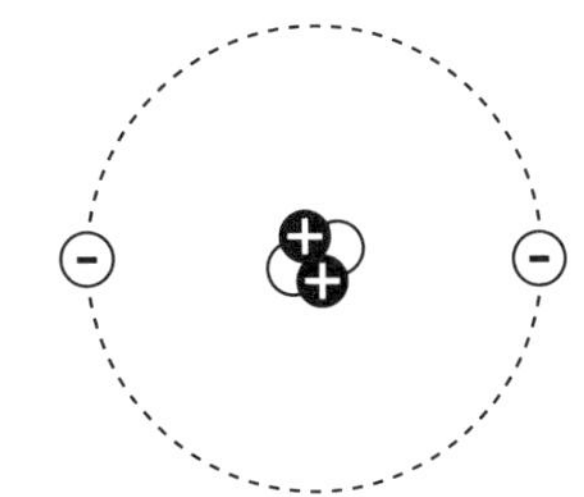

이지 양성자와 중성자가 2개씩 짝을 이룬 ^{4}He의 원자핵은 ^{3}He에 비해 무척이나 안정적이었다(그림 참조). 그 결과 우주에는 ^{4}He가 ^{3}He보다 압도적으로 많이 존재하며, 빅뱅이 일어난 지 138억 년이 지난 지금은 온 우주의 질량 중 24% 정도를 차지하고 있다.

인공 태양의 꿈

헬륨을 만드는 핵융합 과정은 지구를 따스하게 비춰주는 태양에서 매 순간 벌어지고 있는 현상이다. 중심부 온도가 1500만°C에 달하는 태양의 주성분은 수소 원자이며, 빅뱅 직후에 비하면 한참 서늘한 이 정도 온도에서는 태곳적만큼 빠르지는 않더라도 수소 원자들이 헬륨을 융합해 낸다.

그런데 핵융합 반응 후에 생성된 헬륨의 질량은 약 0.7% 손실된다. 질량 보존의 법칙이 위배되는 이런 상황이 어떻게 가능한 것일까? 이 문제는 알베르트 아인슈타인 Albert Einstein 이 주창한 특수 상대성 이론, 더 정확히 말하자면 $E=mc^2$으로 표현되는 질량-에너지 등가원리에 의해 해결된다. 질량은 곧 에너지이므로 손실된 질량은 광속의 제곱을 곱한 만큼의 에너지로 전환됨으로써 질량이 보존된다고 할 수 있는 것이다. 광속이 $2.998 \times 10^8 m/s$ 정도로 무척 빠르기 때문에 웬만한 질량결손도 막대한 양의 에너지 방출로 이어지기 마련이다. 태양의 핵융합 도중 일어나는 질량 손실에 대한 보상으로 발생한 에너지는 약 8분 20초 뒤에 지구에 도달하고, 그 덕분에 우리는 환하고 따뜻한 낮을 누릴 수 있다.

기술과 산업이 고도로 발전하면서 인류가 해마다 필요로 하는 에너지양은 기하급수적으로 증가하고 있다. 급증하는 에너지 수요를 만족시키기 위해 화석연료를 대신할 수 있는 더 효과적이고도 친환경적인 대안들이 제시되었지만, 많은 학자들이 생각하는 궁극의 기술은 다름 아닌 태양의 핵융합 발전이다. 헬륨을 합성하기 위한 재료인 수소는 물의 형태로 지구상에 풍부한 데다가 발전 과정에서 환경오염 물질이 발생하지도 않고, 무엇보다도 생산 가능한 에너지양이 막대하다. 석유 1g이 만들어 낼 수 있는 에너지가 약 4만J(줄)*이라면, 수소 연료 1g은 무려 35억J을 만들어 낼 수 있으니 말이다. 과거 빅뱅의 환경을 닮은 초고온 환경을 조성하고 유지하는 것이 가장 큰 걸림돌이지만, 핵융합 기술이 성공하여 지구상에 인공 태양을 만들어 낼 수만 있다면 인류는 에너지 문제에서 해방될 것임에 틀림없다.

* 1J(=joule)은 1N(=newton)의 힘이 작용하여 힘의 방향으로 1m 움직일 때 한 일의 양이다.

004

알파입자 He^{2+}

불안정한 핵의 붕괴

별에서 일어나는 핵융합

헬륨(He) 이후 핵융합 이야기는 어떻게 전개될까? He에 양성자가 하나 더 붙는다면 원자번호가 하나 더 늘어난 리튬(Li)이 되고, 거기에 양성자가 또 붙는다면 원자번호 4번인 베릴륨(Be)이 생성되지 않을까? 불행히도 빅뱅이 일어난 지 20분 정도 후에 팽창하던 우주의 온도는 급격히 내려갔고, 핵융합이 수월히 이루어지던 초고온 환경은 사라지고 말았다. 결국 He보다 무거운 원자핵은 미량의 Li과 Be을 제외하면 별로 만들어지지도 못한 채 빅뱅을 통한 핵합성nucleosynthesis 무대는 대단원의 막을 내린다. 하지만 이렇게 핵융합이 끝나버렸다면 우주는 수소(H)와 He으로만 충만한 공간으로 남았을 것이다. 하지만 우리 몸이 주로 탄소(C)로 구성되어 있다는 점, 지구 핵에는 철(Fe)과 니켈(Ni)이 존재한다는 것, 그리고 광산에서 금(Au)과 은(Ag)이 산출된다는 사실을 생각해 보면 핵융합 이야기는 여기서 끝나지 않았을 거라는 추측이 가능하다.

우주에 충만하게 퍼져 있던 수소 기체와 헬륨 기체는 특정 지역에

두텁게 모여 구름을 형성했다. 모종의 이유로 인해 구름의 중심에서 중력이 발생했고, 이 힘 때문에 구름은 수축했다. 구름의 수축은 구름 중심의 온도를 서서히 끌어올렸고, 중심부의 온도는 천천히 핵융합을 일으킬 수 있는 정도로 높아졌다. 이렇게 중심부에서 핵융합을 안정적으로 진행할 수 있게 된 구름을 별 또는 항성恒星이라고 한다. 빅뱅 당시 초고온의 우주 공간에서 무작위적으로 일어나던 핵융합은 이제 충분히 온도가 높아진 별 중심부에서 일어났다.

불안정한 원자핵

별이 만들어지고 나서야 Be보다 원자번호가 높은 원소들이 우주에 모습을 드러냈다. 138억 년이 넘는 장구한 시간 동안 벌어진 수많은 핵합성 결과, 다수의 양성자와 중성자를 포함한 다양한 원자핵들이 만들어진 것이다. 하지만 아무 숫자 조합이나 다 허용된 것은 아니었다. ^{3}He보다 ^{4}He가 더 안정했듯이, 원자핵 내 양성자 수가 정해졌다면 그와 잘 어울려 안정적인 원자핵을 만들 수 있는 중성자 개수는 물리학적으로 정해져 있었다. 별에서는 그 정해진 값보다 중성자가 많거나 적은 동위원소가 합성될 수 있었지만, 그런 동위원소의 원자핵은 태생적으로 불안정할 수밖에 없었다. 그래서 이런 원자핵들은 불안정성을 해소하기 위해 에너지를 가진 입자를 방출함으로써 핵을 구성하는 양성자와 중성자 개수의 변화를 꾀하는데 이것을 방사성붕괴radioactive decay라고 부른다.

불안정한 원자핵으로부터 과도하게 들어 있는 양성자나 중성자가

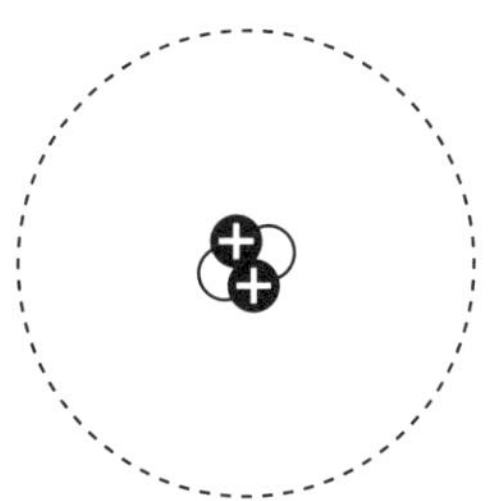

하나씩 쏙쏙 빠져나오면 얼마나 좋을까 싶지만, 그렇게 빠져나온 개별 양성자와 중성자는 너무 불안정하기 때문에 이런 붕괴가 발생하기는 무척 어렵다. 즉, 핵으로부터 개별 입자로 빠져나오더라도 안정적으로 존재할 수 있는 무언가가 빠져나와야 붕괴 과정이 비로소 원활하게 진행될 수 있는 것이다. 다행스럽게도 우주는 작고 간단하면서도 유난히 안정적인 물질이 무엇인지 알고 있었다. 바로 ^{4}He였다.

그런데 원자핵에서 방출되는 물질이 전자를 갖고 있을 턱이 없다. 그래서 방사성붕괴 과정에서 방출되는 He은 전자 없이 순수하게 양성자 2개, 중성자 2개로 구성된, 2가의 양이온(He^{2+})이다. 훗날 우라늄(U)의 방사성붕괴를 연구하던 어니스트 러더퍼드는 U으로부터 방출되는 두 방사선 중 양전하를 띠고 약한 방사선을 알파α 방사선, 음전하를 띠고 좀 더 강한 방사선을 베타β 방사선이라고 불렀는데, 몇 년 뒤 이 알파 방사선을 구성하는 입자들이 주변으로부터 전자를 흡수한 뒤 He 기체가 되는 것을 발견했다. 그래서 He에서 전자를 뺀 원자핵, 즉 He^{2+}을 알파입자α particle 라고 불렀다(그림 참조). 그리고 알파입자를 내보내면서 원자핵의 양성자 및 중성자 수가 2개씩 줄어드는 현상을 알

파붕괴a decay 라고 일컬었다. 참고로 우라늄-238(^{238}U)은 알파붕괴를
일으키고 토륨-234(^{234}Th)로 바뀐다.

$$^{238}U \longrightarrow ^{234}Th + \alpha$$

005

삼중수소 ^{3}H

또 다른 붕괴

중수소의 은밀한 중성자 초대

이야기는 중수소의 발견 시점으로 되돌아간다. 중수소가 발견된 이후 학자들은 좀 더 대담한 시도를 해보기 시작했다. 양성자에 중성자를 하나 추가해서 중수소를 만들었다면, 여기에 중성자를 더 붙여서 새로운 동위원소를 만들 수도 있지 않을까? 1934년, 어니스트 러더퍼드는 이런 상상을 실제 실험으로 옮겨 보았다. 그가 계획한 실험은 물(H_2O)에 중수소의 원자핵을 강하게 충돌시키는 것이었다. 그런데 이 실험에서는 일반 수소가 들어 있는 그냥 H_2O이 아니라 수소가 중수소로 대체된 ^2H_2O, 즉 중수重水 를 사용하였다. 러더퍼드의 연구진은 중수에 중수소를 충돌시킨 결과 방사성 물질이 만들어지는 것을 확인했는데, 정밀하게 분석해 보니 거기에는 질량수가 3인 원자핵들이 있었다. 하나는 양성자 2개와 중성자 1개로 구성된 헬륨-3(^{3}He), 그리고 다른 하나는 양성자 1개와 중성자 2개를 포함하고 있는 수소의 동위원소, 곧 삼중수소tritium (^{3}H)였다.

러더퍼드는 삼중수소보다 ^{3}He이 더 불안정할 것이라고 생각했지만,

정작 불안정한 원자핵을 가진 것은 삼중수소였다. 삼중수소는 높은 에너지의 전자를 내보내면서 붕괴하는데, 이 현상은 러더퍼드와 함께 일했던 프레더릭 소디Frederick Soddy 와 카지미에시 파얀스Kazimierz Fajans 에의해 베타붕괴β decay 라는 이름으로 설명된 바 있었다. 이것은 양성자와 중성자 수의 불균형으로 인해 불안정한 원자핵이 중성자를 양성자로 전환시키는 수단이었는데, 전기적으로 중성인 중성자(n)가 양전하를 띤 양성자(p)로 바뀌기 위해 전하의 균형을 맞추려고 전자(e^-)와 반중성미자(ν_e)를 함께 만들어 내는 과정이었다.

$$n \rightarrow p + e^- + \bar{\nu}_e$$

그리고 삼중수소의 중성자 하나가 양성자로 바뀌는 이 베타붕괴를 통해 생성된 물질이 바로 러더퍼드가 함께 발견했던 ^{3}He이었던 것이다.

$$^3\mathrm{H} \rightarrow {}^3\mathrm{He} + e^- + \bar{\nu}_e$$

와인의 빈티지와 방사성 삼중수소

그런데 놀랍게도 삼중수소는 빗물에도 포함되어 있다. 우주에서 지구로 쏟아져 들어오는 강력한 방사선인 우주선宇宙線, cosmic ray 이 대기중에 존재하는 질소(N) 원자와 충돌하여 삼중수소를 만들어 내기 때문이다. 여기서 삼중수소를 원료로 만들어진 물인 삼중수소수(^{3}H₂O)가 만들어지고, 빗물에 섞인 ^3H_2O는 대지를 적신다. 과장을 보태어 말하자면, 빗물은 우주선에 의해 갓 만들어진 따끈따끈한 방사성 물질이 녹아 있는 수용액인 셈이다.

이 방사성 빗물에 관심을 보인 사람은 방사성 탄소 연대 측정법을 개발하여 고고학과 고생물학 연구에 큰 혁명을 일으킨 미국의 화학자인 윌러드 리비Willard Libby 였다. 더 이상 외부 환경과 물질 교환이 일어나지 않는 지층이나 생물 속 탄소-14(^{14}C)의 비율을 통해 연대를 측정하듯, 지상에 떨어지면서 우주선으로부터 더는 삼중수소를 공급받지 못하는 물속 삼중수소의 비율을 통해 연대를 측정할 수 있으리라 생각한 것이다. 삼중수소의 절반이 ^3He으로 붕괴하는 데 걸리는 시간, 즉 반감기가 약 12년이라는 사실을 이용하면 지상의 어떠한 액체든지, 심지어 잔 안에 담긴 와인이 얼마나 오래된 것인지도 알아낼 수 있다는 계산이었다.

하지만 현재 삼중수소가 가장 많이 활용되는 곳은 와인 양조장이 아니라 건물마다 보이는 비상구 램프다. 유리관 속 삼중수소 기체가 서서히 내놓는 방사선은 유리 내벽에 칠해진 물질을 자극하여 빛을 발생하게 한다. 베타붕괴하는 물질이 세상에 널렸다지만, 그중에서 인체 유해성을 따지자면 삼중수소만큼 안전한 게 없다. 게다가 리튬(Li)에 중성자를 충돌시켜 핵분열 nuclear fission 을 일으켰을 때 삼중수소가 생성되는 원리를 이용하면 방사성 물질을 안정적으로 생산할 수 있다.

$$^6Li + n \rightarrow {}^4He + {}^3H$$

그러니 밤에 적절한 밝기로 안정적인 빛을 내야 하는 램프를 만들기에는 삼중수소가 안성맞춤이었다. 안전을 위해 설치해야 하는 비상구 램프가 워낙 많다 보니 삼중수소는 전 세계적으로도 수요가 많은 고부가가치 자원인데, 실제로 경주 월성원자력발전소에서 생산되는 삼중수소는 1g당 약 3500만 원을 호가할 정도로 값비싼 물질이다.[4]

006

수소 분자 H₂

공유결합을 통한 이원자 분자의 등장

빈 전자껍질

빅뱅 이후 38만 년 정도가 지나자 우주의 온도는 약 2,700°C로 식었고, 우주를 떠돌아다니던 양성자들은 전자와 재결합함으로써 수소(H) 원자를 형성하였다. 양자역학에 따르면, 음전하를 띤 전자는 양전하를 띤 양성자 주변에 적절한 거리를 두고 확률적으로 분포하는데, 이 분포함수를 원자 오비탈atomic orbital이라고 한다.

오비탈을 일종의 전자가 묵는 방이라고 생각해도 좋다. 문제는 이 원자 오비탈의 최대 정원은 전자 2개이고, 정원이 꽉 찼을 때에야 비로소 안정하게 된다는 점이다. 다시 말하자면, 원자 오비탈에 들어가는 전자가 1개밖에 없는 H 원자는 우주가 식자마자 매우 불안정해지는 난처한 상황을 맞이하였다.

H 원자가 안정해질 수 있는 방법 중 하나는 어디선가 전자를 가져오는 것이었다. 일단 다른 원자로부터 전자를 빼앗아 양성자 1개에 전자 2개로 구성된 수소화 이온hydride (H⁻)이 되는 방법이 있을 것이다. 불행히도 전자를 끌어당길 수 있는 양성자가 1개밖에 없는 상황에서,

좁디좁은 원자 오비탈 안에서 같은 음전하이기에 서로를 밀쳐내는 2개
의 전자가 평안하게 있을 수는 없었다.

미시적 공유 경제의 시작

따라서 H 원자는 외부에서 전자를 가져오되 전자들이 서로 밀어내지
못하도록 이들이 묵는 방을 크게 키워야 했다. 여기서 아주 놀라운 아
이디어가 채용된다. 동병상련을 느낀 두 H 원자가 서로 힘을 합쳐 자
신들이 가진 원자 오비탈을 하나로 합친 것이다. 이렇게 만들어진 거
대한 오비탈을 분자 오비탈molecular orbital 이라고 한다. 그러고 나서 각
자 가지고 있던 전자도 내어놓아 새로 만든 분자 오비탈 방 안에 묵
게 해주었다. 누구에게서 전자를 빼앗을 필요 없이 자신과 함께할 다
른 H 원자 1개만 더 찾으면 커다랗게 확장한 분자 오비탈 안에 자신
의 전자와 다른 H 원자의 전자를 함께 공유할 수 있는 것이다. 이렇
게 되면 자신도 전자 2개, 다른 H 원자도 전자 2개가 되니 이만한 윈-
윈 전략이 따로 없다. 화학적으로 표현하자면, 에너지 측면에서 굉장
히 안정해지는 것이었다. 전기적으로 중성인 이원자 분자인 수소 분자
hydrogen molecule (H₂)가 우주 최초로 만들어지는 순간이었다. 이때 H 원
자들은 서로 한 쌍의 전자를 공유하는데 이렇게 형성된 화학결합을
공유 결합covalent bond 이라고 부른다(그림 참조).

　이처럼 이원자 분자를 구성하는 핵심은 바로 원자와 원자가 서로의
원자 오비탈을 뒤섞어 거대한 분자 오비탈을 만든 뒤, 각자 가진 전자
를 서로가 너나없이 쓸 수 있도록 내어놓음으로써 안정성을 추구하려

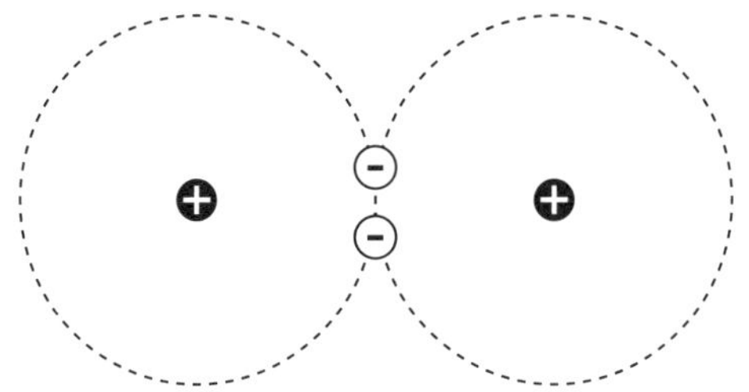

는 미시적 공유 경제다. 인류가 서로에게 빚진 것이 없음에도 불구하고 상호 의지하며 부족한 부분을 채우려는 본능을 가진 이유는 아마 우리의 신체를 구성하는 원자들이 빅뱅 시절부터 아낌없이 나눠 쓰는 공유 정신을 발휘했기 때문은 아닐까?

원자의 구성

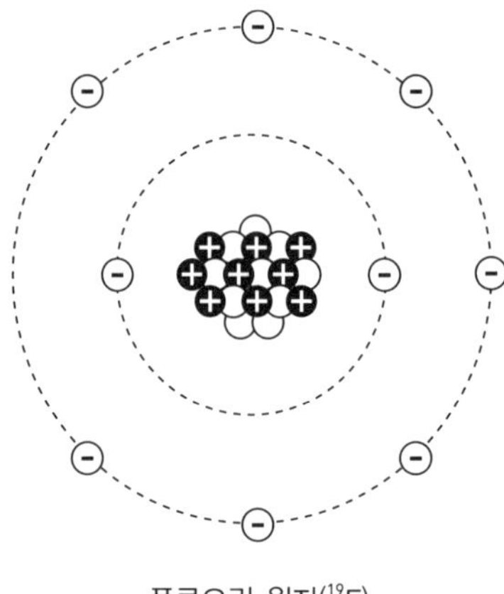

플루오린 원자($^{19}_{9}$F)

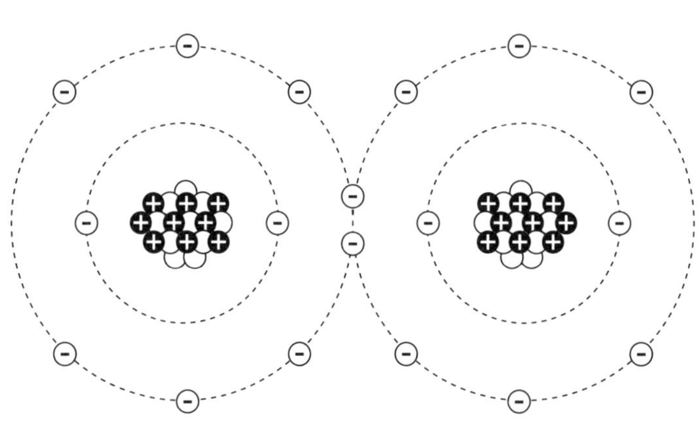

플루오린 분자(F_2)

지금까지의 내용을 바탕으로 원자번호 9번 플루오린의 모습을 이해해 보자.

- 핵에는 원자번호와 같은 개수인 9개의 양성자가 존재한다. 가장 안정한 플루오린 핵종의 질량수는 19이므로 19-9=10개의 중성자가 핵 안에서 양성자와 강한 핵력을 주고받으며 공존한다.

- 플루오린 원자핵 주변에는 양성자 개수와 동일한 9개의 전자가 존재한다. 2개의 전자는 가장 낮은 에너지의 원자 오비탈 1개에 있고, 나머지 7개의 전자는 그보다는 높은 에너지의 원자 오비탈 4개에 자리잡는데, 이들을 묶어 전자껍질이라고 부른다. 즉, 플루오린의 첫 번째 전자껍질에는 2개의 전자가, 두 번째 전자껍질에는 7개의 전자가 존재한다.

- 두 번째 전자껍질에는 8개의 전자가 들어가는 것이 가장 안정적인데, 이를 옥텟 규칙octet rule이라 부른다. 플루오린 원자가 옥텟 규칙을 만족하는 가장 쉬운 방법은 외부에서 전자를 하나 가져와 두 번째 전자껍질에 채우는 것인데, 그 결과 전자 개수가 양성자 개수보다 하나 많아져 1가의 음전하를 띤 음이온 플루오린화 이온(F^-)이 된다.

- 옥텟 규칙을 만족하는 또 다른 방법은 다른 원자와 전자 하나를 공유하는 것이다. 두 개의 플루오린 원자가 전자 하나를 공유하면 각각 옥텟 규칙을 만족하므로 안정적인 상태가 된다. 그 결과 플루오린 분자(F_2)가 된다.

일산화 탄소 CO

다양한 성간 물질의 형성

헬륨의 연소

시간이 흘러 우주가 식은 뒤의 핵합성은 우주 공간 전체가 아닌 별에서 국소적으로 일어나는 화학반응이었다.[5] 대표적인 예가 바로 태양으로, 태양 내부에서는 수소(H) 원자 넷이 헬륨(He) 원자로 전환되는 반응이 지금도 계속 벌어지고 있다.

그런데 태양이 자신의 H를 전부 He으로 바꿔버리면 어떤 일이 벌어질까? 학자들은 약 50억 년 뒤 태양이 모든 수소를 소모하고 적색 거성 red giant 으로 전환되어 지구를 위협할 정도로 크게 부풀 것이라고 예상하고 있다.[5] 이는 지구의 종말이다. 그런데 그 와중에 태양의 중심 핵은 스스로의 중력에 의해 붕괴하고, 이 수축으로 인해 온도는 급상승하여 평소 수소를 핵융합하던 시절인 1500만°C보다 훨씬 높은 온도인 1억°C를 달성한다. 이 조건에서는 H가 아닌 He이 핵융합한다. 천체과학자들은 이것을 헬륨 연소 helium burning 라고 부른다.

He 둘이 서로 결합하면 원자번호 4번이자 질량수가 8인 베릴륨(Be)의 원자핵이 생성된다($^4He + {^4}He \rightarrow {^8}Be$). 그러나 ^8Be은 극도로 불안정하기에 만들어지자마자 금방 분열하여 원상태로 복귀하게 된다. 그런데 별의 온도가 1억°C 수준에 이르게 되면 ^{8}Be이 분열하기도 전에 제3의 He 원자가 핵반응에 참여할 여지가 생긴다. 엄밀하게 말하자면 세 개의 알파 입자(He^{2+})가 핵융합에 참여하는데, 그래서 이를 삼중 알파 과정 triple α process 이라고 한다. 그 결과 만들어지는 것은 원자번호 6번이자 질량수가 12인 탄소(C)인데(^{8}Be + ^{4}He → ^{12}C), ^{12}C는 ^{8}Be에 비하면 무척 안정한 원자핵이다.

이야기는 여기서 그치지 않는다. ^{12}C가 형성되는 시점에 풍부하게 별에 존재하던 He^{2+}가 더 융합될 수도 있지 않겠는가? 그 결과 만들어지는 것은 원자번호 8번이자 질량수가 16인 산소(O)다(^{12}C + ^{4}He → ^{16}O). 놀랍게도 ^{16}O 역시 매우 안정한 원자핵이다. 이처럼 더 뜨거운 별에서 더 무거운 원소들이 탄생했다.

강력한 공유결합

별에서 합성된 C와 O는 수소 분자(H_2)처럼 서로 전자를 공유하여 이원자 분자를 형성하였다. 그런데 H_2는 한 쌍의 전자를 공유했을 따름이지만, C와 O는 무려 세 쌍의 전자를 공유하는 삼중결합을 이루었다.•• 그리고 그 결과 만들어진 분자가 바로 일산화 탄소 carbon monoxide (CO)다(그림 참조).

항성으로부터 제법 많은 양의 C와 O가 만들어졌기에 이들이 결합한 일산화 탄소도 우주에서 자주 목격되는 편이다. 우주에서 가장 흔한 이원자 분자는 역시 H_2이지만 그 다음으로 흔한 것이 일산화 탄소

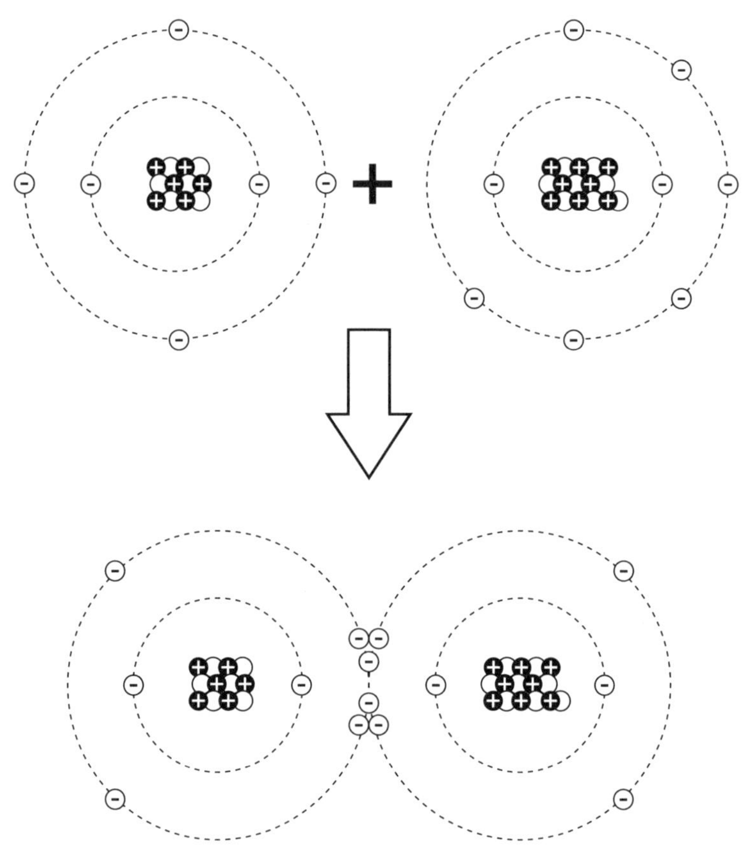

라고 할 정도이니 말이다.

그런데 이 일산화 탄소가 지상에 강림하면 꽤나 위험하다. 우리 몸 구석구석 산소를 운반하는 헤모글로빈hemoglobin은 산소 분자(O_2)보다 일산화 탄소와 200배 이상 더 강하게 결합한다.[46] 코로 들이마신 일산화 탄소와 강하게 결합된 헤모글로빈은 더 이상 O_2 운반을 하지 못하고, O_2를 공급받지 못한 인체는 극도로 위험한 질식 상태에 빠진다.

연탄 기반의 난방 시설은 불완전 연소 과정에서 일산화 탄소를 많이 방출하곤 했는데, 연탄불로 추운 겨울날을 버텨야 했던 1960~70년대 대한민국은 일산화 탄소 중독에 의한 사망사고를 자주 겪곤 했다. 다행히 가스보일러와 전기 기반의 난방 시스템이 보편화되면서 위험한 연탄 사용량은 크게 줄었고, 일산화 탄소 중독 사고 역시 이제는 보기 드문 일이 되었다.

* 여기서의 '연소'는 열과 빛을 내며 산소(O)와 화합하는 과정을 일컫는 연소 combustion 와는 개념이 다르다. 천체화학에서의 연소는 더 무거운 원소로 핵합성되는 과정을 의미한다.

** 공유결합은 얼마나 많은 전자쌍을 공유했느냐에 따라 이름이 달라지는데 한 쌍은 단일결합 single bond, 두 쌍은 이중결합 double bond, 그리고 세 쌍은 삼중결합 triple bond 이라고 한다.

풀러렌 C_{60}

우주에서 영감을 받아 만들어진 아름다운 분자

기묘한 탄소 재료의 발견

영국의 화학자 해럴드 크로토Harold Kroto 교수는 마이크로파Microwave 망원경으로 다양한 성간 물질을 관찰하곤 했는데, 1978년에 크로토 교수 연구팀이 발견한 사이아노헥사트라이아인cyanohexatriyne 이라는 물질은 당시까지 알려진 성간 물질 중 가장 복잡하고도 긴 유기 분자였다.[6] 한편 크로토는 주로 탄소(C)로 구성된 물질들도 별에서 정말 합성될 수 있을지 궁금해했는데, 그의 친구인 로버트 컬Robert Curl 은 미국의 라이스 대학에 설치되어 있던 레이저 장비 AP2가 이 궁금증을 해소해 줄 것이라고 보았다. 이 장비는 강한 레이저 펄스파를 물질에 쪼여줌으로써 별 표면 온도보다 높은 고온의 증기를 생성해 낼 수 있었다. 이 장비를 담당하고 있던 리처드 스몰리Richard Smalley 교수는 처음엔 이들의 제안을 거절했으나 1년 뒤에는 장비 사용을 허락했고, 당시 연구비 사정이 좋지 않던 크로토는 아내로부터 돈을 빌려가며 마침내 1985년 8월 미국 텍사스 휴스턴에 도착했다.

휴스턴에서 진행된 실험 결과 크로토는 먼저 긴 유기 분자가 AP2에 의해 실제로 합성되는 것을 확인했다. 저 먼 우주에서 떠돌아다니던 분자를 눈앞에서 만들어 냈다는 기쁨도 잠시, 연구진의 더 큰 호기심을 산 것은 예상 밖 영역에서 발견된 강한 신호였다. 질량 분석기를 통해 확인한 결과, AP2는 수소(H) 하나 달라붙지 않으면서 안정한 C_{60} 분자도 만들어 냈다.

버크민스터 풀러의 돔

당시까지만 해도 C로만 이루어진 물질로서 구조가 명확하게 공인된 것은 흑연이나 다이아몬드 정도였다. 이렇게 같은 원소로 구성되어 있으나 구조가 달라 성질이 다른 물질을 동소체 allotrope 라고 부르는데, 애석하게도 흑연과 다이아몬드 구조로는 C_{60}의 구조를 설명할 수 없었다. 연구진들은 이 미지의 분자가 새장처럼 닫힌 구조를 가져야 한다고 생각했지만, 그 구조가 정확히 어떤 것인지에 대해서는 아무도 알지 못했다.

그때 크로토와 스몰리가 떠올린 것은 1967년 몬트리올에서 열린 세계 박람회에서 건축가 버크민스터 풀러 Buckminster Fuller 가 세운 거대한 지오데식 geodesic 돔이었다. 여러 궁리를 하며 종이를 오리고 붙이길 반복했던 스몰리는 12개의 오각형과 20개의 육각형을 이어 붙이면 완벽하게 닫힌 형태의 구형 분자구조를 만들 수 있으며, 그 구조의 꼭짓점은 모두 60개가 된다는 사실을 알아내었다. 즉, C_{60}의 분자구조는 축구공과 동일했다.

크로토와 스몰리, 컬은 새로 발견된 탄소 동소체를 버크민스터풀러렌

buckminsterfullerene 이라고 불렀는데, 이는 자신들에게 영감을 준 건축가의 이름에 탄소 원자 간 이중결합을 가진 분자의 이름에 붙이는 접미사인 '-ene'을 붙인 이름이었다.[7] 이 기묘한 분자는 오랜 기간의 검증 끝에 합성의 가치가 인정되었다. 사람들은 긴 이름을 풀러렌fullerene 으로 줄여 불렀고, 풀러렌의 합성과 발견에 기여한 세 사람은 1996년 노벨 화학상을 받았다.

그런데 과연 풀러렌은 실험실에서만 만들 수 있는 분자였을까? 실험실의 합성 조건이 성간 물질 생성 조건을 모사했던 것이라면, 우주 어딘가에서도 정말 풀러렌이 합성되어 떠돌아다니고 있어야 하지 않을까? 실제로 2010년에 적외선 분광법을 통해 풀러렌이 성운에 존재하는 것이 확인되어 조건만 잘 맞으면 우주에서도 풀러렌이 합성될 수 있다는 사실이 밝혀졌다.[8] 우주의 역사에 영감을 받아 실험실에서 창조되었다고 생각한 분자가 사실 오래전부터 저 먼 우주의 품 안에서 우리를 지켜보고 있었더라는 사실이 입증된 순간이었다.

009

니켈 Ni

가장 안정한 원자핵

만족함을 알아 그치기를 원하노라

별 안에서 벌어지는 원자핵의 합성은 탄소(C)와 산소(O) 이후 언제까지 계속될까? 핵융합이 계속되면 핵 안에 존재하는 핵자nucleon, 곧 양성자와 중성자의 개수도 지속적으로 증가하는데, 애석하게도 같은 양전하를 띤 양성자들은 운명적으로 서로를 밀어낼 수밖에 없다. 비록 강한 핵력이 중재에 나서 어떻게든 양성자와 중성자를 강력하게 묶어 두려 하지만, 양성자의 수가 일정 수준을 넘어서면 강한 핵력이 양성자 간 반발력을 찍어 누를 수 없는 수준에까지 이르게 된다. 반발이 심하면 더 이상 반응이 일어날 수 없다. 고구려의 을지문덕乙支文德 장군이 수나라의 우중문于仲文에게 보낸 시 마지막 구절대로 핵융합도 지족원운지知足願云止, 즉 '만족함을 알아 그치게' 될 수밖에 없다.

화학에서 만족한다는 뜻은 안정하다는 것이며, 안정하다는 것은 상대적으로 낮은 에너지 상태를 의미한다. 입자들이 떨어져 있을 때보다 같이 붙어 있을 때가 더 안정적이라면, 에너지를 방출하면서 결합을 이룬다.• 이것이 모든 화학반응의 기본인데, 핵자들의 결합도 이 법칙

에서 예외가 아니다. 그래서 화학자들은 핵자가 전부 떨어져 있을 때
와 온전히 다 붙어서 하나의 핵을 구성할 때의 에너지 차이를 계산해
봤다. 그 결과 단위 핵자당 결합할 때 가장 많은 에너지를 내놓고 안정
해지는 것은 양성자 28개, 중성자 34개로 구성된 핵, 곧 질량수 62인
니켈nickel -62(^{62}Ni)였다.

가장 안정적인 핵자

재미있게도 그렇게 높은 결합 에너지를 통해 안정적이라는 ^{62}Ni는 실
상 자연계에 존재하는 니켈의 동위원소 중에서 압도적인 비율을 차지
하고 있지는 않다. 실제로 지구 상에 존재하는 니켈을 모두 분석해 보
면 ^{62}Ni은 약 3.63% 정도라고 한다. 이는 우주의 핵합성 과정에서 62
와는 다른 질량수를 가진 니켈 동위원소가 주로 만들어졌다는 것을
암시한다.

초고온을 달성할 수 있는 거대한 별 안에서의 핵반응은 연소의 연
속인데, 수소(H)의 연소로 헬륨(He)이, 헬륨 다음에는 탄소(C)가, 탄소
다음에는 네온(Ne)이, 네온 다음에는 산소(O)가, 그리고 산소 다음에는
규소(Si)가 연소한다. Si의 연소는 알파 입자(He^{2+})가 융합되는 과정인
데, Si의 양성자 및 중성자 개수가 14개니까 양성자 및 중성자 2개로
구성된 알파 입자가 계속 붙다 보면 어느새 양성자 및 중성자 28개로
구성된 니켈-56(^{56}Ni)이 탄생한다. ^{56}Ni은 ^{62}Ni만큼 안정하지 않지만,
He^{2+}가 하나 더 붙어 양성자 및 중성자 30개로 구성된 질량수 60의
아연(Zn)보다는 안정하다. 굳이 핵반응을 더 하면서까지 불안정한 원

소를 만들어 낼 필요가 있을까? 이러나저러나 별이 핵합성을 통해 만들 수 있는 가장 안정한 원소는 질량수가 58이든 62이든 니켈이었다.

● 　　이를 발열반응 exothermic reaction 이라고 하며, 열에너지가 방출되었으므로 에너지는 낮아진다.
　　즉, 안정한 상태가 된다. 반대 과정을 흡열반응 endothermic reaction 이라고 한다.

010

철 Fe

별의 죽음과 새로운 원소들의 탄생

최후의 승리

니켈-56(^{56}Ni)까지 만들어 낸 별은 더 이상 핵융합을 진행하지 못한다. 대신 더 안정한 원자핵을 만들기 위한 최후의 과정으로서 핵붕괴가 일어난다. Ni을 구성하는 양성자는 전자와 질량은 같으나 전하가 반대인 양전자(e^+)와 중성미자(ν_e)를 방출하면서 중성자로 바뀌는데, 그 결과 ^{56}Ni은 질량수는 동일하지만 원자번호가 하나 줄어든 코발트-56(^{56}Co)가 된다.

$$^{56}Ni \rightarrow {}^{56}Co + e^+ + \nu_e$$

그런데 이 ^{56}Co도 그렇게 안정적이지는 않기 때문에 시간이 지나면서 위의 양전자 방출 과정을 한 번 더 거치게 된다. 그 결과 만들어지는 것이 바로 원자번호가 하나 더 줄어든 철iron -56(^{56}Fe)이다.

$$^{56}Co \rightarrow {}^{56}Fe + e^+ + \nu_e$$

혹자는 ^{56}Fe이야말로 우주에서 가장 안정한 핵자라고 말하기도 한다. 아니 앞선 이야기에서 니켈-62(^{62}Ni)가 가장 안정한 핵자라고 하지 않았던가? 여기에는 우리가 간과한 사실이 하나 있었으니, $E=mc^2$라는 수식이다. 원자핵의 세계에서는 질량도 에너지가 되는 법이니, 핵합성 과정에서 질량을 충분히 잃어 큰 에너지를 방출할 수 있다면 단위 핵자당 결합 에너지가 조금 낮아지더라도 더 선호할 만한 반응이 된다는 것이다. 그래서 수많은 핵합성 과정 최후까지 살아남는 원자핵은 단위 핵자당 결합 에너지가 높은 ^{62}Ni가 아니라 단위 핵자당 질량이 가장 낮은 ^{56}Fe이다.

죽음, 또 다른 탄생의 씨앗

하지만 우주의 핵합성이 여기서 그쳤다면, 우주에는 철보다 더 많은 양성자를 가진 원소가 존재하지 않았을 것이다. 학자들은 외부에 존재하던 중성자들이 고온 고압의 환경 아래 핵으로 끌려들어 간 뒤 양성자로 전환되는 과정에 주목한다. 소위 중성자 포획neutron capture 이라고 불리는 과정이 진행된 덕분에 철보다 무거운 원소들이 만들어질 수 있었던 것이다.

중성자 포획이 일어날 수 있는 상황은 여럿 있으나 그중 가장 매혹적인 것은 다름 아닌 II형 초신성type II supernova 이다. Ni까지 핵합성을 마친 별의 내부에서는 더 이상 핵융합이 일어나지 않기 때문에, 핵융합 시 발생하던 거대한 에너지로 지탱되던 항성은 급속도로 붕괴하며 수축한다. 막대한 압력 아래 별의 중심부로 추락하며 빠르게 부딪히는 모든 물질은 거대한 충격파를 만들어 내고, 이것이 별 바깥으로 거세게 커져 나가면서 시작된 별의 폭발은 삽시간에 초고온 환경을 만들어 낸다. 초신성이 야기한 극단적인 환경에서 중성자 포획이 순식간에 일어나고, 이 과정에서 철보다 무거운 원소들이 합성된다. 그리고 이렇게 합성된 무거운 원소들은 거대한 충격파에 실려 초신성의 핵으로부터 먼 우주 공간으로 흩뿌려진다.

별의 폭발은 강력한 빛을 발산했고, 지상에서 이를 목격한 옛날 사람들은 이것이야말로 새로운 별의 탄생이라 믿었다. 그래서 한자어로도 '새로운 별'을 의미하는 신성新星, nova 이라는 단어는 본래 '새로운'이라는 뜻의 라틴어 '노부스novus'에서 온 말이다. 하지만 신성은 별이 폭발 및 사멸하는 과정이었고, 그 과정에서 새롭게 합성된 무거운 원소가 우주 공간에 뿌려졌다. 그렇게 별과 별 사이에 뿌려진 원소들은 새로운 천체를 만드는 원료이자 그 천체에 자리 잡은 생명의 근원이 되었다. 결국 별의 죽음은 또 다른 탄생의 씨앗을 뿌리는 과정이었다. 그러니 지구상에서 생명 활동을 하며 살아가는 우리 몸에도 우주 어디에선가 수명을 다한 별이 초신성을 통해 내뱉은 원소가 있을 것이다. 과연 미국 천문학자 칼 세이건Carl Sagan 이 말한 대로 우리는 모두 '별의 먼지'인 셈이다.[9]

2부

창백한 푸른 점, 지구

"지질학이라는 것은 화학에
시간이라는 요소를 더한 것일 뿐이다."

•

랠프 월도 에머슨
Ralph Waldo Emerson

———

연설 《Progress of Cultures》중에서

46억 년 전 태양이 만들어질 당시 운 좋게도 태양의 중심부로 포획되지 않은 물질들이 있었다. 이들은 태양을 중심으로 도는 원반 형태의 구름을 형성했다. 시간이 흐르면서 차차 식어 고체가 된 구름 속 기체 물질들은 서로 모이면서 유의미한 질량을 만들어 냈다. 이 고체 덩어리는 태양 주변을 꾸준히 돌면서 주변의 기체 물질들을 모조리 끌어당겨 덩치를 크게 키웠고, 그 결과 만들어진 것이 항성 주변을 도는 행성行星 이다. 항성보다 중심부 온도가 한참 낮은 행성에서는 핵융합 반응이 일어나지 못하므로 1부에서 살펴본 핵합성은 관찰하기 어렵다. 하지만 그렇다고 행성이 모든 화학 활동이 멈춘 죽은 세계는 아니었다. 비록 크기는 작지만 행성은 항성보다 화학적 다양성이 훨씬 두드러진 세계다. 이제 망원경은 잠시 집어넣고 우리가 살고 있는 행성, 푸른 지구를 바라볼 차례다.

외핵 Fe/Ni

지구 자기장 방어막의 원천

지구의 핵

국제천문연맹 IAU의 정의에 따르면 태양계를 도는 행성은 총 8개다. 이 중 수성, 금성, 지구, 화성은 금속과 암석으로, 목성과 토성은 수소 기체(H_2)와 헬륨(He)으로, 그리고 천왕성과 해왕성은 물(H_2O)과 암모니아(NH_3), 메테인(CH_4)이 얼어붙은 얼음으로 이루어져 있다. 이렇게 구성 물질에 차이가 생기는 가장 큰 원인은 태양과 행성 간 거리 때문이다. 태양 가까이 있는 행성에서는 끓는점이 낮은 물질들이 행성의 중력을 극복하고 외부로 이탈한다. 그래서 수성부터 화성까지의 행성을 구성하는 주요 물질들은 그 정도 온도에서는 기화하지 않는 금속과 암석이다. 한편 밀도가 높은 금속은 중심부에 더 가까이 가라앉아 핵을 형성하고, 금속보다 밀도가 낮은 암석은 핵 주변에서 맨틀mantle 을 형성한다. 이때 지구의 핵을 구성하는 주요 금속 원소는 철(Fe)과 니켈(Ni)인데, 우주에서 가장 많이 찾아볼 수 있는 안정적인 금속이 중심부를 선점한 탓이다.

그런데 지구 탄생 5억 년 후, 지구의 형태에 변화가 생겼다. 차가운

우주와 접촉하고 있던 맨틀 가장 바깥쪽이 비교적 빠르게 식어 지각이 형성된 것이다. 반지름이 6,400km에 달하는 지구에 대략 30km 정도의 두께를 가진 암석 껍질이 생겨버린 것인데, 이 얇은 껍질이 보온 역할을 하기에는 충분했다. 추운 날 신문지 한 장 덮는 것이 안 덮는 것보다는 훨씬 따뜻한 것처럼 말이다. 지각이 형성되면서 중심부 온도는 더디게 내려갔고, 그 결과 지구 핵은 4,000°C 이상의 온도를 충분히 유지할 수 있었다. 이 온도에서 Fe, Ni는 모두 용융하여 액체 상태로 존재한다.* 단, 1936년 덴마크 지진학자 잉에 레만Inge Lehmann 이 더 높은 압력이 작용하는 중심부에서는 금속들이 응고되어 고체로 존재하는 것을 밝혀냄에 따라, 금속이 액체로 존재하는 부분을 외핵outer core , 고체로 존재하는 부분을 내핵inner core 으로 구분하고 있다.

전 지구적 전자기 유도 현상

지구는 태양을 중심으로 돌고 있지만, 자기 자신도 중심축을 따라 자전하고 있다. 모든 자전하는 물체에는 전향력轉向力 이라고 하는 일종의 관성이 작용하는데, 이 힘에 따라 액체 상태의 Fe, Ni는 지구 내부의 외핵에서 대류하고 있다. 다이너모이론dynamo theory 에 따르면, 이 대류가 지구 주위 자기장을 만들어 내고, 그 결과 나침반의 N극과 S극이 각각 북극과 남극을 가리키는 것이다. 과연 영국 물리학자 윌리엄 길버트William Gilbert 가 말한 대로 "지구 자체가 거대한 자석이다.Magnus magnes ipse est globus terrestris."

지구 자기장은 탐험가와 새들의 나침반 역할만 한 것은 아니었다.

태양으로부터 태양풍이라고 하는 강력한 플라스마plasma 흐름이 지구를 향해 쏟아지는데, 외핵이 만들어 낸 지구 자기장에 의해 태양풍은 진행 방향이 크게 꺾여 대기권으로 직접 들어오지 못한다. 오직 약간의 입자들만이 극지방으로 모여들면서 대기와 충돌하고, 이 과정에서 오로라Aurora 라는 찬란한 빛의 파티가 벌어진다. 만일 외핵이 없어 지구 자기장이 없었다면, 태양풍은 오존(O_3)층[90]을 파괴하고 대기층을 지속적으로 우주 공간으로 흩어트렸을 것이다. 만일 그랬다면 행성 자기장이 약했기 때문에 척박한 땅이 되어버린 화성처럼 지구에는 생명이 존재하지 못했을 것이다.

•　　Fe의 녹는점은 1,538 ℃, Ni의 녹는점은 1,455 ℃다.

012

석영 SiO₂

지각에 제일 풍부한 광물

지구 바깥으로 떠오른 원소들

미국 화학자 라이너스 폴링 Linus Pauling 은 공유결합을 이룬 원소들이 전자를 자기 쪽으로 끌어당기는 정도를 전기음성도 electronegativity 라고 정의했는데, 지구를 구성하는 주요 원소들 중 전기음성도가 높은 것은 산소(O)였다. 그래서 다른 지구 구성 원소들은 O와 결합하는 것을 피할 수 없었고, 그 결과 다양한 산화물 oxide 이 만들어졌다. 이들은 핵으로부터 분리되어 맨틀과 지각을 구성하는 암석의 주요 구성물로 자리매김한다.

핵과 분리되었다는 사실을 달리 말하자면, 암석을 구성하는 원소들은 철(Fe), 니켈(Ni)과는 잘 어울리지 않는다는 것을 의미한다. 스위스 광물학자 빅토르 골트슈미트 Victor Goldschmidt 는 O와 잘 화합하여 암석을 만드는 원소를 친석親石 원소라고 분류하였는데, 이들 중에서 지구의 가장자리인 지각에 많이 분포하는 원소를 질량 비율 순서로 나열하면 다음과 같다.

산소 > 규소 > 알루미늄 > 철 > 칼슘 > 소듐 > 포타슘 > 마그네슘

이들이 만든 산화물 중에서 양도 제일 많으면서 밀도는 낮아 지각에서 가장 흔하게 볼 수 있는 물질은 단연 질량 비율이 가장 높은 원소와 두 번째로 높은 원소가 결합한 이산화 규소(SiO_2)였다.

수정 혹은 유리

천연에서 얻을 수 있으면서 화학적 조성이 고른 물질을 광물mineral 이라고 한다. 그중에서도 SiO_2로 조성된 결정 광물을 석영quartz 이라고 한다. 석영은 중심에 규소(Si) 원자를 두고 네 개의 정사면체 꼭짓점 위치에 O 원자가 존재하는 결합이 주기적으로 반복되는 구조를 가지며, 외부 충격에 잘 견딜 수 있어 단단한 광물에 속한다. 석영은 다양한 형태로 존재하는데 사막에서 한가득 퍼담을 수 있는 모래, 부싯돌로 사용되는 차돌, 독특한 무늬로 유명한 마노agate, 그리고 투명한 수정 모두 석영이 주성분이다. 간혹 수정의 SiO_2 결정 구조에 Fe 이온이 불순물로 포함되어 있으면 매혹적인 보라색을 띠는 자수정amethyst 이 된다.

광물은 아니지만 인류가 인위적으로 만들어 낸 SiO_2 물질도 있으니 바로 유리glass 다. 인류가 처음 유리를 어떻게 만들었는지는 확실치 않으나, 대체로 가열된 모래와 소금의 혼합물로부터 용융되어 빠져나온 SiO_2가 빠르게 식으면서 유리가 우연히 만들어졌다고 추측하고 있다. 유리는 결정성이 낮아 석영과는 달리 비교적 낮은 온도에서도 점성이 있는 액체처럼 바뀌는데 이렇게 물성이 바뀌는 온도를 연화점softening point 이

라고 한다.[•] 낮은 연화점 덕분에 역사 속 공예가들은 달궈진 유리로부터 온갖 기묘한 생김새의 공예품을 만들었다. 또한 여러 물질을 유리 원료에 첨가하여 다양한 연화점과 강도, 색깔을 가진 유리 제품을 만들었다. 이렇게 고도로 발전한 유리 공예 기술은 중세 시대 이후부터 유럽에 지어진 거대한 고딕 양식 성당의 채색 유리창인 스테인드글라스에서 찾아볼 수 있다. 특히 성당 문이나 창 위에 만들어진 원형의 장미창은 섬세하고 정교한 유리 공예의 극치이자 백미라고 할 수 있다. 이렇듯 인류는 지상에서 가장 흔한 재료에 자신들이 할 수 있는 최고의 기예를 아름답게 적용한 뒤 천상의 신에게 바쳤던 것이다.

[•] 분자 측면에서 단단한 유리질이 유연한 고무질 상태로 변하는 온도를 유리 전이 온도 glass transition temperature 라고 하며, 연화점은 가공성에 주안점을 둔 재료 측면의 온도 지표라고 할 수 있다. 일반적으로 연화점이 유리 전이 온도보다 높다.

013

백운모 $KAl_2(AlSi_3O_{10})(OH)_2$

비늘처럼 벗겨지는 광물

층층이 쌓여 만들어진 돌

지각에서 발견되는 광물들의 90% 이상은 지각에 흔히 존재하는 산소 및 규소와 결합해 있는데, 이런 광물들을 규산염silicate 광물이라고 한다. 지각에서 세 번째로 많이 찾아볼 수 있는 원소인 알루미늄이 포함된 규산염 광물 중 사람들의 시선을 사로잡는 것은 다름 아닌 운모雲母다. 보통 사람들은 돌이라고 하면 단단한 덩어리를 생각하고, 힘을 가했을 때 잘게 부수어지는 모습을 상상한다. 하지만 운모는 생선 비늘처럼 얇은 널빤지 형태의 판 구조가 겹겹이 쌓인 형태로 발견된다. 실제로 우리는 운모를 껍질 벗기듯 계속 벗겨낼 수 있는데, 이런 특성 때문에 우리말로 운모를 돌비늘이라고도 한다. 다양한 운모 중 포타슘(K)이 다수 포함된 운모는 희고 투명하여 백白운모라고 부른다.

운모의 독특한 특성 때문인지, 동아시아 사람들은 옛날부터 운모를 약이라고 생각했다. 허준許浚의 의학서인《동의보감東醫寶鑑》에 따르면, '운모는 오장을 편안하게 하고 눈을 밝게 하며 중초를 보하고 이질을 멎게 한다'고 쓰여 있다. 의원들은 열심히 운모를 갈아 복용이 편한 가루로 만들곤 했다. 그런데 운모 가루 표면에서 빛이 반사되면서 보이는 특유의 반짝거림을 보고 사람들은 햇빛을 받아 빛나는 흰 구름을 생각했던 모양이다. 그래서 동아시아 사람들은 이 광물에 '구름 운雲'에 '어미 모母'를 붙여 운모라는 이름을 붙여주었다. 한편 로마 사람들은 반짝인다는 뜻의 라틴어 동사 '미코mico'로부터 '미카mica'라는 이름을 만들어 냈다. 이런 이름 덕분인지 반짝이거나 광택이 나는 화장품에는 운모 가루가 포함되어 있다.

모스크바의 유리

중세 유럽의 유리 세공은 이탈리아의 베네치아Venezia를 중심으로 발전했다. 워낙 명성이 자자했던 고가의 이탈리아 유리 제품은 유럽 전역으로 불티나게 팔려 온갖 사치품과 궁궐과 저택, 교회의 창문으로 사용되곤 했다. 하지만 현재처럼 교통이 편리하지 않았던 당시 러시아 지역의 귀족들에게는 이탈리아의 유리 제품 구하기가 하늘의 별 따기와도 같았을 것이다. 그래서 러시아 상류층은 거대한 백운모를 평평하게 만들어 유리 대신 사용했는데, 이는 백운모가 비교적 색깔을 띠지 않으면서도 다른 재료에 비하면 그나마 투명했기 때문이다. 16세기 당시 영국 사람들은 모스크바를 포함한 러시아 지역을 무스코비Muscovy라고 불렀는데, 당시 모스크바 궁정에서 외교관으로 활약했던 영국 대사인 조지 터버빌George Turberville은 창문에 유리 대신 사용된 백운모를 무스코비 유리라고 불렀다. 이 명칭이 굳어져서 지금도 백운모를 영어로 'muscovite'라고 부르게 되었다고 한다.

하지만 이 모스크바의 유리도 쓰일 곳은 많다. 고온의 도가니 안에서 벌어지는 현상을 관찰하기 위해서는 투명한 창이 필요한데, 일반 유리창은 다 녹아내렸겠지만 백운모로 만든 창은 고온에서도 끄떡없었다. 게다가 층상 구조를 가진 운모는 전기와 열전도도가 매우 낮으며, 화학적으로도 안정하기 때문에 전지와 축전지 등 각종 전자 부품 제조에 널리 쓰이고 있다. 아예 운모를 공업적으로 합성하여 대량생산하는 요즘 공장을 터버빌이 보게 된다면, 살짝 머쓱함을 느낄는지도 모르겠다.

현무암

구멍이 숭숭 뚫린 제주도의 상징

마그마 속 기체가 남겨놓은 흔적

암석은 만들어진 원인에 따라 지상의 물질들이 쌓인 뒤 굳어져 만들어지는 퇴적암堆積巖, 마그마magma가 굳어져 만들어진 화성암火成巖, 그리고 기존 암석이 고온 고압에 의해 변형되어 만들어진 변성암變成巖으로 나눌 수 있다. 이 중 화성암은 마그마가 어디에서 식었는지에 따라 또 두 부류로 나뉘는데, 지표 근처에서 식어 만들어진 것을 화산암火山巖, 지하 깊숙한 곳에서 식어 만들어진 것을 심성암深成巖이라고 한다.

마그마라는 것은 지표면 아래에 유동성을 가지는 수준으로 뜨겁게 용융된 암석을 가리키는데, 여기에는 지구 내부에서 형성된 수증기나 이산화 탄소(CO_2), 황화 수소(H_2S)와 같은 기체들도 포함되어 있다. 물론 마그마에는 높은 압력이 작용하므로 이 기체들은 용융된 상태다. 하지만 화산 분출에 의해 고압의 마그마가 1기압의 대기권으로 터져 나와 용암이 되면 상황은 달라진다. 용암 속에 들어 있던 기체들은 급격하게 팽창하면서 식어가는 용암 밖으로 탈출한다.[*] 용암은 빠르게 식으면서 단단한 화산암이 되지만, 용암에서 빠져나온 기체는 화산암 표면에 무수한 구멍을 만들어 자신들의 탈출 역사를 남겨놓는다. 이렇게 구멍이 숭숭 뚫린 화산암의 대표 격이 바로 현무암이다.

마그네슘과 철을 품은 북방의 신

같은 규산염 광물임에도 불구하고 현무암의 색깔은 앞에서 언급한 석영과 백운모에 비해 한참 어둡다. 이는 현무암을 이루는 조암광물 중에 어두운 색을 띠는 휘석輝石과 감람석橄欖石의 비율이 높기 때문인데, 이들 광물은 마그네슘(Mg)과 철(Fe) 함량이 높은 고철질苦鐵質, mafic●● 광물이라고 한다. 즉, 고철질 광물이 풍부한 마그마가 터진 곳이라면 어디에서나 현무암을 볼 수 있는데 대표적인 장소는 역시나 제주도다. 제주도를 여행해 본 사람이라면 많은 전통 가옥뿐만 아니라 현대 건축물이나 정원에도 구멍이 뚫린 현무암이 널리 사용된 것을 알 수 있다. 이는 현무암이 단단해서 건축 재료로 활용되기에 유리했기 때문인데, 사실 현무암의 영어 이름 'basalt' 역시 고전 그리스어로 매우 단단한 '시금석'을 뜻하는 '바사니테스βασανίτης'에서 유래한 것이다.

현무암이라는 한국어 이름의 기원은 꽤나 흥미롭다. 일본의 도요오카豊岡 시에는 약 160만 년 전 화산활동이 만들어 낸 거대한 규모의 현무암 지형이 있는데, 이를 본 일본의 유학자 시바노 리쓰잔柴野栗山은 크게 감탄하고 이를 현무동玄武洞이라고 불렀다. 현무는 거북이와 뱀이 혼재하는 듯하게 생긴 상상 속 짐승으로서 북쪽을 관장하는데,

동아시아의 전통 오방색 개념에 따르면 북쪽은 검은색이다. 아마 동굴을 이루는 암석의 어두운 색깔을 보고 그런 이름을 붙인 것으로 추정된다. 훗날 일본의 지질학자 고토 분지로小藤文次郎는 'basalt'의 일본어 이름을 정할 때 현무동을 떠올렸고, 현무에 '바위 암巖'이 붙은 현무암이라는 이름이 여기에서 탄생했다.

●　헨리의 법칙 Henry's law 에 따르면 기체의 용해도는 기체의 압력에 비례한다. 뚜껑을 딴 탄산음료에서 CO_2가 급격히 거품을 만들며 뿜어져 나오는 현상과 같다.

●●　철과 마그네슘을 포함한 광물을 고철질苦鐵質 이라고 부르는 것은 앞 글자인 '괴로울 고苦'가 Mg를 의미하기 때문이다.

015

황동석 CuFeS₂

구리를 품은 광석

제련 역사의 시작

신석기 시대를 사는 인류에게 가장 유용한 자원은 돌이었고, 가장 유용한 기술은 불을 피우는 것이었다. 불은 추위와 어두움, 그리고 맹수의 위협을 극복하게 해주었을 뿐만 아니라 음식을 익혀주었기에 날음식을 먹었을 때 발생할 수 있는 다양한 문제를 해결해 주었다. 그리스 신화의 프로메테우스Προμηθεύς가 인류에게 불을 알려줬다는 죄목으로 제우스Ζεύς의 노여움을 사 끊임없이 독수리에게 간이 쪼이는 형벌을 받았다는 게 괜한 말이 아닐 정도로 불은 인류에게 무척 유용했다.

호기심의 동물인 인간이 먼 옛날 자연에서 캐낸 돌을 불에 넣어 달구는 장난을 쳐봤으리라는 것은 쉽게 이해할 수 있다. 대부분의 돌은 그저 뜨겁게 달궈질 뿐이었지만 어느 산에서 가져온 특이한 돌들은 식고 나면 빛나는 무언가가 돌에서 빠져나왔다. 불에 달궈 돌에서 빼낸 물질은 구부렸다 폈다 할 수 있었다. 중요한 건 특정한 형태와 색깔을 가진 돌에서만 이런 빛나는 물질을 얻을 수 있다는 경험이었다. 훗날 인류는 광택이 나는 새로운 물질을 금속metal이라 불렀고, 금속을 얻을 수 있는 돌을 광석ore 이라 불렀으며, 광석으로부터 금속을 얻어 내는 가열 과정을 제련smelting 이라 불렀다. 돌의 시대가 끝나고 금속의 시대가 시작되는 순간이었다.

역사학자들은 기원전 7000년경 지금의 튀르키예 지역에서 가장 오래된 제련의 흔적이 발견되었다고 말한다. 그리고 그 시기에 땔 수 있던 불꽃으로 가장 먼저 제련해 낸 금속은 녹는점이 $1,085\,^{\circ}C$ 정도로 낮은 편이었던 구리(Cu)였다.

금을 원했던 바보들

누런색을 띠는 황동석chalcopyrite 의 주성분은 구리 이온(Cu^{2+})과 철 이온(Fe^{2+})이 황 이온(S^{2-})과 정사면체 구조를 이루면서 결합한 $CuFeS_2$으로 전 세계 광산에서 산출되는 구리 광석 중 가장 많은 양을 차지한다. 이와 비슷하게 황 화합물 위주의 구성을 보이는 FeS_2의 화학식을 가진 황철석pyrite 역시 황동석만큼이나 금(Au)과 비슷한 광택과 색을 띤다. 이런 외양 때문에 광석에 대한 지식이 부족했던 몇몇 사람들은 황동석이나 황철석을 보고 황금을 발견했다며 섣불리 쾌재를 부르곤 했다.

그러나 현명한 사람들은 광석의 정체를 그 자리에서 즉시 파악할 수 있는 몇 가지 경험적 지식을 가지고 있었다. 우선 Au과 같은 금속은 힘에 의해 구부리거나 얇게 펼 수 있었지만, 황동석이나 황철석은 무기화합물이었기 때문에 외부 충격에 의해 깨지기 쉬웠다. 그리고 사람들은 경험상 거대한 광석을 부수어 가루로 만들면 깨기 전과 색깔이 달라진다는 것을 알았고, 거친 도자기 조각으로 광석을 그어 묻어

나온 가루의 색깔을 살펴보는 방법을 활용했다. 이를 조흔색條痕色이라고 한다. 겉보기 색깔과 동일한 노란 조흔색을 보이는 Au과 달리 황동석과 황철석의 조흔색은 검은색이다. 그래서 일견 Au이라고 착각하게 만드는 황동석과 황철석을 가리켜 '바보의 금'이라고 불렀다고 한다.

016

자철석 Fe₃O₄

쇠붙이가 달라붙는 광석

철기 시대의 시작

기술 발전에 힘입어 제련을 위해 때는 불의 온도가 점차 높아졌고, 그 결과 고대 사람들은 구리보다 녹는점이 높은 금속들도 얻을 수 있었다. 그중에서 인류 역사에 가장 큰 공헌을 한 금속은 철(Fe)이다. 광석으로부터 얻어낸 순수한 철은 매우 약한 재료였지만, 숯불 위에서 탄소를 머금게 된 강철 steel 은 강했다.[52] 또한 달궜다가 급격히 식히는 작업인 담금질은 강철 제품을 더욱 강하게 만들었다.

물론 세상에는 철보다 단단하면서도 강한 금속이 있지만, 철이 인류의 사랑을 듬뿍 받을 수 있게 된 것은 다른 어떤 금속들보다 산화물 광석이 지각에 풍부하게 묻혀 있으면서도 비교적 수월한 제련 과정을 통해 금속을 얻을 수 있었기 때문이다. 가장 대표적인 철광석은 자철석 magnetite (Fe_3O_4)과 적철석 hematite (Fe_2O_4)이다. 산화물에서 산소(O)는 −2가의 음이온(O^{2-}) 형태이므로, 적철석은 광석을 구성하는 모든 철이 +3가의 양이온(Fe^{3+})으로 존재하지만, 자철석의 경우 Fe^{2+}와 Fe^{3+}가 1:2의 비율로 존재한다.

자석의 발견

쇠붙이를 끌어당기는 물건을 자석이라고 부른다. 세상에서 가장 작은 자석은 전자이므로, 수많은 전자를 가지고 있는 원자와 분자 역시 기본적으로는 자석이라고 볼 수 있다. 하지만 물질이 천성적으로 지닌 자석의 성질, 즉 자성磁性은 보통 다른 자석이 있을 때에야 비로소 드러난다. 예를 들어, 자석 끝에 클립을 붙이면 그 클립 끝에 또 다른 클립이 붙게 되는데, 이는 자석에 붙은 클립이 순간 자성을 띠기 때문이다. 하지만 자석이 사라지면 클립의 일시적 자성은 즉시 사라지고 클립은 언제 뭐가 좋아 붙었냐는 듯 우수수 흩어지게 된다. 하지만 몇몇 물질들은 주변에 자석이 없더라도 여전히 자성을 잃지 않아 영구적인 자석의 역할을 할 수 있다. 이런 성질을 강자성ferromagnetism 이라 부르는데, 자철석은 강자성을 가진 대표적인 물질로 지금도 냉장고 자석 같은 곳에 널리 쓰이고 있다. 자석과 자철석을 의미하는 영단어인 'magnet'과 'magnetite'가 자철석이 풍부하게 묻혀 있었다는 그리스 마그네시아Μαγνησία 현의 이름에서 온 것을 보면, 강자성을 보이는 자석과 자철석의 관계는 떼려야 뗄 수 없는 관계였다.

가느다란 자철석 바늘이 특정 방향을 향해 정렬되는 것은 고대로부터 잘 알려진 사실이었다. 이 현상은 거대한 자석인 지구가 만들어 낸 자기장이 강자성을 가진 자철석과 상호작용하여 자철석이 가리키는 방향에 영향을 주기 때문에 발생한다.[11] 사람들은 자철석 바늘의 방향을 기준으로 동서남북 방위를 결정하였는데, 북쪽을 가리키는 자철석 바늘의 한쪽 끝을 N극, 남쪽을 가리키는 다른 끝을 S극이라고 명명했다. 이렇게 해서 만들어진 나침반은 요즘 널리 쓰이는 위성항법장치인 GPS global positioning system 가 개발되기 전에는 항해와 지리 탐사를 위한 필수품이었다.

017

석회암 $CaCO_3$

바다 생물의 껍질이 만들어 낸 돌

껍질 속 탄산 칼슘

밖에서 바라보면 바다는 늘 푸르고 평온해 보이지만, 바다 역시 약육강식의 논리가 지배하는 파란 정글이다. 잡고 잡히는 먹이사슬 아래 여러 바다 생물들은 자신들의 생존 확률을 늘릴 수 있는 갖은 수단을 가지도록 진화했는데, 그중 하나는 강력한 포식자의 공격을 막을 수 있도록 단단한 껍질이나 뼈대를 갖추는 것이었다. 다만 이런 구조물이 물에 녹아서는 곤란하기 때문에, 바다에서 비교적 흔히 얻을 수 있는 원소로 만들 수 있으면서도 물에 녹지 않는 탄산 칼슘($CaCO_3$)이 수중 생물의 단단한 부분을 구성하는 주성분으로 널리 쓰였다.

하지만 시작이 있으면 끝도 있는 법. 육지 생물이 죽어 땅에 묻히듯 바다 생물들도 목숨을 다하면 해저 바닥에 쌓인다. 유기물이 아닌 $CaCO_3$ 껍질은 부패되지 않은 채 그대로 차곡차곡 쌓이고, 오랜 시간 동안 쌓인 껍질은 높은 압력 아래 하나의 암석으로 굳는다. 그렇게 해서 만들어진 퇴적암이 바로 석회암limestone 이다.

석기 시대 예술혼과 화학평형

석회암을 구성하는 $CaCO_3$은 물(H_2O)과 이산화 탄소(CO_2)와 함께 있으면 아래와 같은 화학반응을 일으킨다.

$$CaCO_3 + H_2O + CO_2 \rightarrow Ca(HCO_3)_2$$

위 반응을 통해 만들어지는 탄산수소 칼슘($Ca(HCO_3)_2$)은 물에 잘 녹는다. 그래서 석회암 지대는 오랜 시간이 지나면 공기 중의 H_2O와 CO_2에 의해 빠르게 풍화되어 카르스트Karst 지형이라고 부르며, 우리나라 강원도 남부 및 충청북도 북부에 넓게 분포해 있다. 한편, 강이 석회암 지대를 뚫어 만든 석회동굴도 카르스트 지형에 포함되는데, 영월의 고씨동굴, 단양의 고수동굴이 유명하다.

보통 석회동굴 내부는 텅 비어 있지 않고 종유석, 석순, 석주 등 $CaCO_3$으로 구성된 기묘한 구조물들이 가득한데, 이는 물에 녹았던 $Ca(HCO_3)_2$이 다시 $CaCO_3$으로 침전되기 때문이다.

$$Ca(HCO_3)_2 \rightarrow CaCO_3 + H_2O + CO_2$$

위 반응은 앞에서 봤던 석회동굴 형성 반응과 정반대 반응인데, 하나로 합쳐 다음과 같이 쓸 수도 있다.

$$CaCO_3 + H_2O + CO_2 \rightleftharpoons Ca(HCO_3)_2$$

양방향으로 가리키는 화살표는 오른쪽으로 향하는 정正 반응(→)과 왼쪽으로 향하는 역逆 반응(←)이 모두 일어나는 것을 의미한다. 이를 화학평형chemical equilibrium 이라고 부르는데, 겉에서 봤을 때는 전혀 반응이 일어나지 않는 것처럼 보이지만 실은 끊임없이 정반응과 역반응이 같은 속도로 진행되고 있는 것이다.

석회동굴 안에서 삶을 꾸리던 석기 시대 사람들은 동굴 안쪽 벽에 다양한 색깔의 흙과 숯을 발라 그림을 그리곤 했다. 그런데 축축하게 젖은 동굴 벽면에서 위에서 언급한 석회암의 화학평형 반응이 진행 중이었고, 시간이 흐르면서 벽화 위에 얇지만 단단한 석회암층이 형성되었다. 이 석회암층이 본의 아니게 그림이 사라지거나 변색되지 않도록 보호해 주었고, 덕분에 알타미라Altamira 의 동굴 벽화는 그려진 지 1만 8,000여 년이 지났음에도 생생한 그 자태를 간직하고 있었다. 석회암의 화학평형은 이렇게 석기 시대 사람들의 예술혼을 동굴 벽에 박제해 놓았던 것이다.

018

다이아몬드 C

가장 단단한 탄소 동소체

금강불괴의 물체

광물의 굳기를 대략적으로 비교하는 모스Mohs 굳기계에 따르면 가장 딱딱한 광물은 금강석金剛石인데, 이 이름에 빗대어 단단하여 부서지기 힘들다는 비유적인 표현으로 금강불괴라는 말이 쓰이기도 한다. 금강석이라고 하니 뭔가 신비한 이름처럼 들리지만, 사실 이는 우리에게 보석으로 너무나도 익숙한 다이아몬드diamond다.

다이아몬드가 이처럼 딱딱한 물질일 수 있는 이유는 물질을 구성하는 입자들의 화학결합 구조 때문이다. 앞에서 살펴본 광물들이 양이온과 음이온이 규칙적으로 배열된 반면, 다이아몬드는 상호 단일결합으로 연결된 탄소(C) 원자만이 정사면체 구조를 이루며 배열되어 있다. 이 구조는 3차원으로 매우 빽빽하고 견고하기에 다이아몬드는 다른 물체에 부딪히거나 긁혀도 흠집이 나지 않는다. 그래서 다이아몬드는 무언가를 갈아낼 때 사용하는 연마제로 널리 쓰인다.

하지만 다이아몬드가 뭇 사람들의 사랑을 받는 가장 큰 이유는 가공되었을 때 투명한 표면에서 드러나는 찬란한 광택 때문이다. 그래서 예로부터 다이아몬드는 제일 가는 보석으로 취급되었고 고가의 장신구와 장식품에 다이아몬드가 쓰이지 않은 예가 없다.

랩그로운 다이아몬드

다이아몬드의 특수한 구조가 만들어지려면 온전한 C 원자가 지각 150~200km 정도 아래 지점에서 오랜 기간 동안 열과 압력을 받으면서 결정을 만들어 내야 한다. 이렇게 특수한 조건 하에서 만들어진 다이아몬드가 우여곡절 끝에 지표로 올라와야만 사람에 의해 채굴될 수 있다. 이처럼 다이아몬드는 시장의 높은 수요에 비해 공급이 한참 달리는 희귀한 물질이기에 매우 비싸다.

그래서 화학반응으로 이 비싼 다이아몬드를 대량생산하고자 하는 연구가 오래전부터 진행되었다. 다이아몬드가 C로만 구성된 물질이라는 것은 1772년 프랑스 화학자 앙투안 라부아지에Antoine Lavoisier 가 증명한 바 있었다.[*] 그렇다면 C 원자들을 공급해 주면서 다이아몬드 특유의 결정 구조를 만들 수 있는 환경을 조성해 주면 다이아몬드가 만들어질 수 있지 않을까?

말은 간단하지만, 실제 실험은 그리 간단하지 않다. 산소(O$_2$)의 공급을 완전히 차단한 채 지각 하부에서나 볼 법한 고온 고압 환경을 조성하는 것은 매우 어려운 일이기 때문이다. 그러나 2010년대 이후 화학 기상증착법chemical vapor deposition 을 통해 다이아몬드 결정을 성장시키는 기술이 비약적으로 발전하였고, 그 결과 이전보다 저렴한 방식으로 인조 다이아몬드를 생산하는 것이 가능해졌다.[1] 흔히 이렇게 만들어진

다이아몬드들은 실험실에서 키웠다고 해서 랩그로운lab-grown 이라는
표현을 쓴다. 랩그로운 다이아몬드는 천연 다이아몬드와 화학 조성 및
구조가 동일하므로 훌륭한 대체제다. 그래서 2020년대 들어 다이아몬
드의 가격은 천연과 인조를 가리지 않고 멈출 줄 모른 채 낮아지고 있
지만[2], 공업 재료와 장식물로써의 가치가 사라지는 것은 아니기에 다
이아몬드는 앞으로도 사랑받는 광물이자 보석으로 남을 것이다.

● 라부아지에는 거대한 돋보기로 모은 햇빛을 산소(O_2)가 담겨 있는 병 안에 놓인 다이아몬드에
쬐어주었고, 다이아몬드가 남김없이 탄 뒤 이산화 탄소(CO_2)가 발생했다는 사실을 확인함으로써
다이아몬드는 목탄과 다를 바 없는 탄소 동소체임을 증명했다.

019

라돈 Rn

지상의 자연 방사선

지각의 방사성붕괴

지구에 존재하는 니켈(Ni) 이상의 원자번호를 가진 중重 원소들 가운데 불안정한 핵을 가진 핵자들은 방사성붕괴를 겪으면서 다른 원소로 변환된다. 방사성붕괴가 일어나기 전의 원소를 어미 동위원소, 붕괴 후 변환된 원소를 딸 동위원소라고 부른다.

한편 어미 동위원소가 불안정한 정도는 반감기의 길이로 가늠할 수 있는데, 이는 어미 동위원소가 처음 질량의 절반으로 줄어드는 데 걸리는 시간으로 정의된다. 예를 들어 우라늄(U)의 경우, ^{238}U의 반감기는 44억, ^{235}U의 반감기는 7억 년 정도다. 이들 U은 방사성붕괴를 통해 다양한 질량수를 가지는 납(Pb)으로 변환되는데, 이렇게 만들어진 딸 동위원소의 비율을 정밀하게 계산하면 지구의 나이를 계산할 수 있다는 것이 학자들의 결론이었다. 실제로 미국 화학자 클레어 패터슨 Clair Patterson 은 운석과 지각 내 암석에 있는 Pb의 비율을 정확하게 측정하여 지구가 46억 년 전에 탄생했음을 증명했다.

그런데 이를 달리 말하면, 지각을 구성하는 수많은 중원소들이 46억 년의 장구한 시간 동안 방사성붕괴를 지속하고 있다는 뜻이다. 1900년대 초 지각에 존재하는 라듐(Ra), 토륨(Th), 악티늄(Ac) 등이 붕괴를 통해 방사성 기체 동위원소를 만들어 낸다는 사실이 알려졌고, 이것이 원자번호 86번 비활성기체인 라돈(Rn)이라는 사실이 이내 확인되었다.

건물 지하를 조심하라

방사성 원소인 라돈의 동위원소 중 가장 안정한 라돈-222(^{222}Rn)는 Ra의 알파붕괴로 인해 만들어지지만, 이들 Ra은 대부분 지각에 널리 묻혀 있는 ^{238}U이 다섯 차례 붕괴를 거치면서 만들어진 것들이다. 따라서 지구상에 존재하는 대부분의 라돈은 모두 지각에 존재하는 ^{238}U의 6대손 동위원소라고 할 수 있다.

U는 반응성이 좋아 전 세계 지각 어디에나 다양한 화합물의 형태로 존재하고 있다. 보통 사람들은 원자력발전의 원료로 쓰이는 U의 매장량이 극히 낮을 것이라고 생각하지만, 지각에 묻힌 U의 양은 놀랍게도 은(Ag) 매장량의 40배나 되며 주석(Sn)보다도 조금 많은 수준이다. 따라서 U의 자연적인 방사성붕괴를 통해 만들어지는 라돈의 양은 무시하기 힘든 수준이고, 발생 영역도 그야말로 전 지구적이다. 그래서 체르노빌Чернобыль 이나 후쿠시마福島의 원자력발전소가 폭발하는 대형 사고가 없더라도 우리는 지구상에 존재하는 라돈 때문에 일상적으로 방사선 피폭을 경험하는데, 이를 자연 방사선이라고 부른다.

특히 U 화합물은 지하 깊은 곳의 마그마가 식으면서 화강암이 만들어질 때 높은 농도로 축적되는 경향이 있다. 문제는 한반도의 $\frac{2}{3}$이상이 화강암과 그의 변성암이라서, 대한민국의 자연 방사선은 다른 나라보다 비교적 높은 편이다. 만일 국산 화강암 기반의 시멘트와 콘크리트로 지어진 건물이라면 바닥과 벽, 천장에서 발생하는 방사선이 추가된다. 그런데 라돈의 밀도는 9.73g/L로 공기의 밀도인 1.2g/L보다 월등히 높다. 그래서 굳게 닫혀 있는 방, 특히 건물 지하에는 라돈이 많이 쌓이는데, 라돈은 세계보건기구 WHO가 정한 1급 발암물질이므로 별다른 조치 없이 이런 곳에 드나드는 것은 위험하다. 닫힌 공간의 창문을 열고 환풍기를 돌려 환기를 지속적으로 자주 해주는 것이 필요한 이유다.

020

물 H_2O

바다를 이루는 액체

원시 대기 속 극성분자들

46억 년 전 지구에는 우주 바깥으로부터 항상 수많은 작은 운석 파편들이 쏟아져 들어왔고, 동시에 지구 내부에 있던 물질들은 수많은 화산활동과 함께 밖으로 뿜어져 나왔다. 한데 뒤섞인 지구 외부와 내부의 물질 중에서 끓는점이 낮은 분자들은 기체가 되어 원시 대기를 형성하였는데, 수소(H), 탄소(C), 질소(N), 산소(O)와 같이 가벼운 원소들이 간단하게 결합된 화합물이 대부분이었다. 약간의 화학 지식을 이용하면 저 원소들을 조합하여 주요 원시 대기 성분을 추측할 수 있는데, 곧 수소 기체(H_2), 메테인(CH_4), 질소 기체(N_2), 암모니아(NH_3), 산소 기체(O_2), 이산화 탄소(CO_2), 그리고 물(H_2O)이다.

이들 화합물 중에서 물과 NH_3는 굉장히 특이한 분자였다. 두 분자의 모양은 비대칭이어서 분자 내의 전자가 공간적으로 한 쪽으로 쏠려 있으므로 어떤 부분은 음(-)전하를, 다른 부분은 반대로 양(+)전하를 띠게 되었다. 이러한 현상을 분극polarization 이라 하고, 분극된 전자 배치를 가진 분자를 극성polar 분자라고 한다. 극성분자 사이에서는 분극되지 않은 비극성nonpolar 분자와는 달리 정전기적 인력이 작용하므로 쉽사리 떨어지려고 하지 않는다. 단적인 예로 녹는점과 끓는점의 차이를 들 수 있는데, 고체가 액체로, 또 액체가 기체로 갈수록 분자 사이는 더 멀어져야 하지만 분자 간 잡아당기는 힘이 커질수록 멀어지기는 힘든 법이다. 그래서 극성분자들은 대체로 녹는점과 끓는점이 높다.

거기에 더해, 전기음성도가 높은 O와 N 원자에 결합한 H 원자는 다른 분자의 O와 N 원자와 추가적인 상호작용을 한다. 이를 수소결합hydrogen bond 이라 부르는데, 수소결합이 있으면 분자 간 잡아당기는 힘이 더 커지므로 녹는점과 끓는점도 더 올라갈 수밖에 없다. 그런데 O의 전기음성도가 N보다 높아서 물 분자 사이의 수소결합이 NH_3 분자 사이의 수소결합보다 더 강하다.[12] 그래서 물의 끓는점(100℃)은 NH_3의 끓는점(-33.3℃)보다 월등히 높다.

바다의 기원

뜨거운 원시 지구로부터 멀어지면서 대기가 차차 식어감에 따라, 끓는점이 높은 물 분자들은 액체로 응결되어 거대하고 두터운 구름을 형성했다. 구름 속 물방울은 응집되어 커지다가 중력을 못 이기고 빗방울이 되어 지구 표면으로 떨어지곤 했지만, 원시 지구는 워낙 뜨거웠기에 빗방울은 이내 기화하여 구름으로 되돌아갔다.

상황이 바뀐 것은 지구 표면 온도가 충분히 내려가 단단한 지각층이 형성되는 시점부터였다. 빗방울들이 하늘로 다시 올라가지 않고 서로 모인 채 지각 위에 그대로 남은 것이다. 오랜 시간 동안 원시 지구의 구름층을 이뤘던 물 분자들은 이내 지각 움푹 패인 곳을 완전하게 채우게 되었다. 그것이 지구 표면의 71%를 덮음으로써 지구를 푸른 대리석처럼 보이게 하는 바다의 기원이다.

　바다의 형성이 지구 역사에서 중요한 이유는 최초의 생명체가 바다에서 탄생했기 때문이다. 아직 대기권에 오존(O_3)이 충분히 존재하지 않아 생명을 위협하는 태양의 자외선이 무자비하게 지구로 쏟아지던 시절 ▶90, 바닷물은 생명체가 자외선을 피할 수 있는 유일한 장소였다. 이윽고 바닷물에 용해된 수많은 무기물들은 유기물로 바뀌어 생명체를 낳았는데, 학자들은 바닷물과 대기 중에 풍부했던 CO_2, 그리고 태양 빛을 활용하여 광합성을 하는 최초의 생명체인 남세균 cyanobacteria 이 지구상에 출현한 것을 대략 38억 년 전으로 보고 있다. 외계 행성에서 생명체의 존재를 찾는 수많은 과학자들이 다른 것은 제쳐두더라도 행성에 물이 있는지부터 알아보는 이유가 바로 여기에 있다.

021

염화 소듐 NaCl

바닷물이 짠 이유

바닷속 이온들의 만남

고체 물질이 물에 녹는다는 것을 물리화학적으로 설명하자면, 규칙적인 배열을 통해 고체를 구성하는 입자들이 물 분자에 의해 둘러싸이면서 입자 단위로 낱낱이 쪼개져 물에 고르게 퍼지는 현상이라 할 수 있다. 이런 용해 과정이 일어날 수 있는 이유는 입자들이 모여 있을 때보다 개별 입자들이 물 분자에 둘러싸인 채 자유롭게 돌아다니는 것이 에너지 측면에서 더 안정하기 때문이다.•

지각에 포함된 광물 역시 예외는 아니라서, 빗물이 오랜 시간 지각을 휩쓸고 바다로 모이는 동안 광물 속 입자들이 녹아 나온다. 대개 광물 속 소듐 이온(Na^+), 포타슘 이온(K^+)이 꾸준히 빗물에 녹아 바다로 흘러갔다. 한편, 원시 지구에서는 바다가 형성된 이후에도 마그마가 지각을 뚫고 터져 나오는 화산활동이 활발했다. 이 과정에서 마그마에 녹아 있던 다양한 물질들이 바다에 녹았는데, 염화 이온(Cl^-) 및 황산 이온(SO_4^{2-})이 대표적이다. 그 결과 바닷물은 온갖 이온들의 집합소가 되었다. 이 중 가장 많은 수를 차지한 것은 단연 Na^+과 Cl^-이었으므로 바닷물은 거대한 염화 소듐sodium chloride (NaCl) 수용액, 즉 소금물과 다름없었다.

바다로부터 얻는 소금

염화 소듐이 짠맛을 내는 이유는 Na^+이 혀에 존재하는 미각 세포를 자극하여 우리 뇌에서 그러한 맛을 느끼게끔 유도하기 때문이다. 다른 이온도 아닌 Na^+에 이런 민감한 반응을 보이게 된 이유는 Na^+이 생명 유지에 필수적인 이온이기 때문일 것이다. 예를 들면, 우리 몸을 구성하는 모든 액체는 적절한 수준의 농도를 유지해야 하는데, 체내 전해질 균형을 위해 우리가 할 수 있는 가장 간편한 방법은 짠맛을 내는 소금을 섭취하는 것이다.

이렇게 염화 소듐이 인간 생명을 유지하는 데 필수적인 물질이었기에, 예로부터 소금은 나라에서도 생산과 판매를 직접 관리하다시피 하는 물품이었다. 《염철론鹽鐵論》은 고대 중국 한나라 조정에서 벌어진 소금의 전매제도에 대한 토론 내용을 담은 책인데, 지금으로부터 2,000여 년 전의 소금 전매를 둘러싼 사상의 충돌을 살펴보면 그 옛날, 소금이 얼마나 중요한 자원이었는지 실감이 간다.

옛날 사람들은 바닷물을 끓이거나 햇빛을 쪼여 물을 증발시킴으로써 염화 소듐을 얻곤 했다. 문제는 바닷물에 다양한 이온들이 녹아 있었기 때문에 순수한 염화 소듐을 얻기 위해서는 이런 불순물 이온들을 제거하기 위한 길고 고된 정제 과정을 반복해야 했다는 점이다. 요즘에는 아주 미세한 구멍을 가진 이온교환막ion-exchange membrane 을 이용하여 Na$^+$과 Cl$^-$만 선택적으로 통과시킴으로써 순수한 염화 소듐을 생산하는 정제염 공법이 널리 쓰이고 있다. 다만 현재 전 세계적으로 생산되는 소금의 대부분은 바닷물이 아닌, 소금 결정으로 이뤄진 암석인 암염巖鹽으로부터 생산된다. 얕은 바다나 호수 바닥에 염화 소듐이 퇴적되어 굳어진 암염이 지각에 드러나곤 하는데, 이를 채취하여 소금을 얻는 것이다.

• 　또한 용해 이후 입자들의 위치가 더욱 무질서해지기 때문에 전체 시스템의 무질서도를 의미하는 엔트로피 entropy 가 증가하는데, 이것 역시 고체 물질 용해의 원인이 된다.

염화 마그네슘 MgCl₂

두부 제조에 꼭 쓰이는 간수

바닷속 마그네슘

지각은 크게 해양지각과 대륙지각으로 나뉜다. 해양지각의 일생을 살펴보면 다음과 같다. 먼저 마그마가 뿜어져 나오는 해령海嶺에서 생성된 해양지각은 해령으로부터 1년에 몇 센티미터씩 확장 및 이동하다가 마주 보고 있는 다른 대륙지각과 충돌한다. 마그마로부터 만들어진 해양지각은 태생적으로 철(Fe)과 마그네슘(Mg)을 포함한 고철질 광물들을 많이 포함하고 있어 대륙지각에 비해 상대적으로 밀도가 높으므로 판과 판의 충돌 지점에서 대륙지각 아래로 가라앉는다. 이렇게 해양지각은 태어날 때부터 죽을 때까지 길고 긴 일평생 동안 해수면 아래에서 바닷물과 접촉하며 지낸다.

이 때문에 해양지각으로부터 많은 광물 원소들이 바닷물로 녹아 들어간다. 대부분의 고철질 광물 원소들은 물에 잘 용해되지 않는 불용성 광물의 형태로 해저에 쌓이지만, Mg만큼은 바닷물에 쉽게 녹는다. Mg이 지각의 8대 구성 원소 중 가장 마지막 자리를 차지하고 있음에도 불구하고 바닷물에 용해된 양이온 중 마그네슘 이온(Mg^{2+})이 소듐

이온(Na^+) 다음으로 가장 많은 이유는 거대한 해양지각으로부터 Mg이 바닷물로 많이 녹아 나오기 때문인 것으로 추정된다.

쓴맛을 내는 염

바닷물을 말려 채취한 첫 소금의 맛에는 짠맛 뒤에 남는 기분 나쁜 씁쓸함이 있다. 옛 사람들은 갓 얻은 소금을 습기가 많은 곳에 두었을 때 쓴맛을 내는 물이 만들어져 흐르는 것을 우연히 알게 되었다. 간수라고 불리는 이 침출수를 잘 제거하면 깔끔한 짠맛을 내는 순수한 소금을 얻을 수 있었는데, 간수의 주성분은 다름 아닌 염화 마그네슘 magnesium chloride ($MgCl_2$)이었다. 간수에 포함된 Mg^{2+}가 쓴맛을 내는 주원인인데, 일본인들은 쓴맛을 내는 Mg 화합물을 통칭하여 고토苦土라고 부르기도 했다.

전통 두부를 만드는 과정에서 간수가 널리 쓰인다. 콩을 곱게 갈아 얻은 뿌연 콩물은 콩에 포함된 다양한 단백질들이 물에 분산되어 있는 콜로이드colloid 용액이라 할 수 있는데, 콩물에 간수를 넣어주면 콩 단백질을 둘러싸고 있던 물 분자들은 전하를 띠고 있는 Mg^{2+}와 염화 이온(Cl^-)을 둘러싸기 위해 움직이게 된다. 졸지에 물 분자들로부터 버림받은 비련의 콩 단백질 분자들은 서로 엉겨 붙어 물에 더 이상 녹지 않는 침전을 만드는데, 이를 적당하게 뭉쳐 먹을 수 있는 형태로 만든 것이 두부다. 그러니 두부의 고소한 맛을 잘 살리기 위해서는 쓴맛을 내는 간수를 적당히 넣어야 한다. 간수를 너무 과하게 넣게 되면 콩 단백질이 겪은 실연의 쓴맛이 진하게 남을지도 모르니 말이다.

이온 화합물

전자를 잃고 형성된 양이온 cation 과 전자를 얻어 만들어진 음이온 anion 사이에는 정전기적 인력을 통한 결합이 형성되는데, 이렇게 만들어진 물질을 이온 화합물 ionic compound 이라고 한다. 이온 화합물은 결합의 특성상 하나의 양이온과 음이온이 결합한 분자 형태로 존재하지 않고 3차원적 반복 배열을 기반으로 한 결정을 이룬다. 전기적으로 중성인 이온 화합물이 형성되려면 양전하와 음전하의 총합이 서로 같아야 하는데, 예를 들어 1가 양이온인 소듐 이온(Na^+)은 −1가 음이온인 염화 이온(Cl^-)가 1:1로 결합하여 염화 소듐($NaCl$)을 이루고, 2가 양이온인 마그네슘 이온(Mg^{2+})은 염화 이온과 1:2로 결합하여 염화 마그네슘($MgCl_2$)을 이룬다. 한편 $NaCl$이 주성분인 소금이 이온 화합물의 대표격이다보니 이온 화합물을 종종 염鹽, salt 이라는 단어로 간단히 일컫곤 한다.

이온은 물 분자에 쉽게 둘러싸여 안정해지므로 이온 화합물이 물과 섞이면 결정을 이루던 이온들이 물속으로 풀려나오게 되는데, 그래서 이온 화합물이 물에 잘 녹는 것이다. 해리된 이온들은 물속에서 전하를 자유롭게 실어 나를 수 있으므로, 염이 녹은 물은 전기가 통한다. 이와 같은 이온 화합물 수용액을 전해질 electrolyte 이라고 부른다.

023

질소 기체 N_2

과자봉지 속 기체

강력한 삼중결합

지구 내부에서 바깥으로 방출된 물질 중 물에 녹지 않는 화합물은 암석을 이루었고, 물에 잘 녹는 화합물은 바닷물에 녹았다. 반면 물에 녹지도 않으면서 상온에서 기체 상태인 분자들은 지각 근처 기체들의 공간인 대기권에 자리 잡았다. 하지만 분자량이 낮은 수소 기체(H_2)같은 분자들은 너무 가벼운지라 진작에 우주 공간으로 탈출했고, 그보다는 분자량이 높은 분자들이 대기권을 채웠다. 그중 하나가 별의 핵합성 과정에서 만들어진 질소(N) 원자 둘이 결합하여 만든 분자인 질소 기체 nitrogen gas (N_2)다.

두 N 원자는 일산화 탄소(CO)처럼 세 쌍의 전자를 서로 공유하면서 강하게 결합한다.[7] 화학결합의 세기는 그 결합을 끊어낼 때 필요한 에너지의 크기로 비교할 수 있는데, N 원자 사이의 결합을 끊어내는 데에는 1mol(몰)•당 945.3kJ(킬로줄)의 에너지가 필요하다. 산소 분자(O_2)를 구성하는 산소(O) 원자 사이의 결합을 끊어내는 데 몰당 498.45kJ, 메테인(CH_4) 분자 내 탄소(C)와 수소(H) 원자 사이의 결합을 끊어내는 데 몰당 415.5kJ의 에너지가 드는 것과 비교해 보면, 질소 기체가 얼마나 강한 화학결합을 기반으로 탄생한 이원자 분자인지 바로 이해할 수 있다.

낮은 반응성

어떤 분자가 다른 분자와 반응성이 좋다는 것은 화학반응을 통해 지금의 자신보다 더 안정한 분자를 만들 수 있다는 것을 의미한다. 그런데 N_2는 그 자체로 워낙 강력한 결합을 통해 만들어진 안정한 분자다 보니 굳이 다른 분자와 반응하여 더 안정한 분자를 만들어야 할 필요성을 덜 느낀다. 그래서 N_2는 다른 기체들에 비해 반응성이 비교적 낮다. 과자 제품을 포장할 때 봉지 속 공기를 쭉 빼낸 뒤 N_2로 빵빵하게 채우곤 하는데, 공기를 N_2로 대체함으로써 공기 속 O_2가 음식을 산화 및 부패시키는 것을 방지할 수 있기 때문이다. 특히 기름에 튀긴 감자칩이나 라면의 보존성을 높이려면 이와 같은 질소 충전은 필수다.

지구 대기권 부피의 78%는 N_2이므로, 우리가 들이켜는 숨의 대부분 역시 N_2다. 그럼에도 불구하고 지구상 생물들이 전혀 문제없이 생명 활동을 유지할 수 있다는 것은 N_2가 생물을 구성하는 분자들과 별로 반응하지 않다는 것을 간접적으로 증명한다. 아니, 대기권의 78%를 차지하고 있다는 것 자체가 N_2의 반응성이 낮다는 것을 이미 증명한다. 만일 반응성이 높았다면 N_2는 45억 년의 긴 지구 역사에서 이미 다른 물질들과 반응하여 대기권에서 사라졌을 것이기 때문이다.

- 몰은 $6.02214076×10^{23}$개, 즉 아보가드로수(數)Avogadro constant 만큼의 개수를 의미한다.

024

산소 기체 O_2

생명체 호흡의 필수 요소

산소 대폭발 사건

38억 년 전 자외선으로부터 안전한 바다에 남세균이 처음 등장한 이후, 바다에 광합성 생물들이 하나둘 늘었다. 광합성을 통해 물(H_2O)과 이산화 탄소(CO_2)를 원료로 하여 포도당을 생산하는 동안[33], 이들은 산소(O) 원자 2개가 이중결합($O=O$)을 이루고 있는 이원자 분자인 산소 기체 oxygen gas (O_2)를 부산물로 내놓게 된다. 바닷속에서 만들어진 O_2는 바다에 풍부하게 존재하던 철 이온(Fe^{n+})과 결합하면서 막대한 양의 산화 철(Fe_xO_y)을 만들었고, 이들이 해저에 차곡차곡 쌓이게 되면서 막대한 두께의 암석층이 생겨났다. 물론 이 과정에서 바다에 녹아 있던 다른 이온들 역시 산소 기체와 만나 다양한 광물들을 만들었다. 이처럼 전기음성도가 높은 O는 다른 물질과 쉽게 결합하는데, 이를 산화 oxidation •라고 한다.

이렇게 수억 년간 바다에 있던 각종 이온들을 충분히 산화시키고 난 뒤에도 광합성은 멈출 줄 몰랐고, 그 결과 물에 더 이상 용해되지 못한 O_2가 바닷물을 빠져나와 대기권에 자리 잡았다. 이때가 대략 25억 년 전인데, 대기 중 O_2 농도가 급격하게 증가한 시기로 지구과학자들은 이를 산소 대폭발 사건great oxidation event 이라고 부른다. 대기에 쌓인 O_2는 이제 지상의 물질들을 산화시켰고, 이 과정에서 산소에 취약한 미생물들은 갑작스러운 O_2의 출현에 절멸에 가까운 재앙을 맞이했다.

하지만 이전보다 O_2의 농도가 높아진 대기에 적응한 생물들이 출현했으니 이들은 생존을 위한 물질대사 반응에 O_2를 적극적으로 활용하는 호기성aerobic 생물이었다. 덕분에 하늘 높은 줄 모르고 치솟던 대기권의 O_2 농도는 어느 정도 균형을 이루게 되었고, 지구 탄생 후 45억 년이 지난 지금 O_2의 양은 대기 부피의 21% 수준으로 유지되고 있다.

산화의 양면

인간 역시 들숨에 섞인 O_2를 적극적으로 활용하는 호기성 생물이다. 우리 몸은 탄수화물, 단백질, 지방이 산화되어 분해되는 세포 호흡 과정을 통해 근육을 움직이는 등의 생명 활동을 지속할 에너지를 얻기 때문이다. 특히 몸으로 유입된 O_2를 가장 많이 소모하는 장기는 뇌다. 근육이야 특별히 사용하지 않는 동안에는 O_2 소비량이 낮지만, 뇌는 쉬지 않고 인체의 균형을 유지하고 모든 움직임을 관장해야 하므로 많은 양의 O_2가 지속적으로 공급되어야 한다. 밥을 먹지 않거나 물을 마시지 않아도 며칠간은 생존할 수 있지만, 숨을 못 쉬게 되면 단 몇 분도 지나지 않아 목숨이 위험해지는 것은 O_2 기반의 세포호흡이 불가능해지면 뇌가 큰 타격을 입게 되어 기능이 영구적으로 정지되어 버리는 뇌사 상태에 빠지기 때문이다.

한편 체내에 들어온 O_2는 세포 호흡을 거치면서 물로 전환된다. 그런데 생명 활동에 100% 완전한 것은 없는지라 인체에 무해한 H_2O이 아닌 수산화 라디칼($HO\cdot$)●●, 초과산화 이온(O_2^-), 과산화수소(H_2O_2)와 같은 화학물질이 잘못 만들어지는 경우가 가끔 발생한다. 이 물질들은 다른 분자를 산화시키는 경향이 굉장히 강한데, 에너지원이 되는 물질이 아닌 애먼 세포 내 물질들이 엉뚱하게 산화되면서 각종 노화와 병이 발생한다. 이러한 강력한 산화성 물질들을 활성 산소reactive oxygen species 라고 부르는데, 우리 몸은 세포를 보호하기 위해 활성 산소를 다시 O_2 혹은 H_2O로 돌려놓는 항산화 효소를 가지고 있다. 이처럼 인체 내 O_2의 작용은 양날의 검과 같아서 적절한 수준으로 제어 및 관리되어야 한다.

●   반대로 물질로부터 O를 떼어내는 반응을 환원 reduction 이라고 한다.

●●   라디칼 radical 은 홀전자 오비탈을 가진 화학종의 하나다. 대개는 불안정하여 오래 존재할 수 없고, 화학반응 중에 일시적으로 생성된다. '·'으로 표시된다.

025

이산화 탄소 CO_2

지구 온난화의 원인

광합성의 원료, 대기 중 농도가 줄어든다

바다에 출현한 광합성 생물들은 대기 속 이산화 탄소carbon dioxide (CO_2)를 꾸준히 소모하면서 포도당과 산소(O_2)를 만들어 냈는데, 광합성 원료로서 CO_2를 택하게 된 이유는 아마도 원시 지구의 대기에 CO_2가 풍부했기 때문일 것이다. 굳이 대기에서 구하기 어려운 분자를 원료로 써서 살아갈 필요는 없었을 테니 말이다. 그런 점에서 25억 년 전 일어난 산소 대폭발 사건은 CO_2 농도의 급락을 의미했다. 연구에 따르면 27억 년 전 지구 대기 부피의 70% 이상이 CO_2였을 것으로 추측되는데[3], 현재는 0.4%에 불과한 것을 생각해 보면 어마어마한 양의 CO_2가 식물에 의해 다양한 형태의 탄소화합물로 전환되었다는 것을 어렵지 않게 추론할 수 있다. 이러한 과정을 탄소 고정carbon fixation 이라고 표현하는데, 이렇게 고정된 탄소 중 일부는 지구상 온갖 유기체들의 생체 물질을 구성하고 있다.

한편 대기 중 CO_2 농도에 영향을 끼치는 요소에는 바다도 있다. 이산화 탄소는 물에 녹아 탄산(H_2CO_3)을 형성할 수 있기 때문이다.

$$CO_2 + H_2O \rightleftharpoons H_2CO_3$$

지구 표면의 대부분이 바닷물로 덮인 만큼, 대기 중 CO_2는 바닷물과 맞닿은 부분에서 끊임없이 H_2CO_3으로 녹아 들어갔다가(→) 다시 대기 중으로 빠져나오기도 하며(←) 이 과정을 통해 대기 중의 CO_2 농도는 일정하게 유지되었다. 인간이 등장하기 전까지는 말이다.

화석연료의 결과물, 대기 중 농도가 늘다

학자들은 남극 얼음에 갇힌 공기 성분을 분석함으로써 최대 80만 년 전부터의 지구 CO_2 농도를 정밀하게 측정할 수 있었다. 분석 결과에 따르면, CO_2 농도는 일정한 주기를 가지고 200ppm●과 300ppm 사이를 오르락내리락했다. 그런데 20세기 초반 CO_2 농도는 300ppm을 넘더니 꺾이기는커녕 오히려 더 급격히 치솟았다. 2022년 기준 CO_2 농도는 421ppm인데, 세계기상기구 WMO에 따르면 이 값은 산업화 시작의 기준으로 삼는 1750년도의 농도에 비하면 1.51배라고 한다.[4] 이는 통상적인 주기적 변화와는 거리가 멀며, 대부분의 학자들은 지구가 유지하던 CO_2 평형이 깨졌다고 판단한다. 산업혁명 이후 세계 각지에서 필요로 하는 에너지를 충분히 공급하기 위해 막대한 양의 석탄과 석유가 소모되었고, 이들 화석연료가 연소되는 과정에서 발생한 CO_2가 대기 중에 무분별하게 방출되었기 때문에 CO_2 농도가 크게 늘어난 것이다.

CO_2는 특정한 파장의 적외선을 흡수할 수 있는 특성이 있다. 때문

에 대기 중 CO_2 농도가 높아지면, 원래는 지구에 반사되어 밖으로 빠져나갔어야 하는 태양광선의 적외선이 CO_2에 흡수되어 지구 대기에 갇히게 된다. 그런데 적외선은 열을 전달하는 전자기파이므로 적외선이 대기 중에 많이 머문다는 것은 마치 온실에서처럼 열이 갇힌다는 것을 의미한다. 따라서 CO_2 농도의 증가는 필연적으로 지구 대기의 온도 상승을 초래하며, 이것이 바로 지구 온난화global warming 다.

CO_2 농도 증가로 인한 지구 온도 상승은 이상고온, 잦은 자연재해와 같은 기후 위기를 불러일으켰다. 250년 남짓한 인류의 산업 활동 기간은 45억 년 장구한 지구 역사에 비하자면 무척 짧은데도 그 어떤 생명체도 감히 야기하지 못한 중대한 전 지구적 위기의 원인이 되었다. 그 위험성을 환기하기 위해 국제 연합 UN 사무총장 안토니오 구테레스António Guterres 는 다음과 같이 말했다.

"지구 온난화 시대는 끝났습니다. 지구 열대화global boiling 시대가 도래했습니다."[5]

•   ppm(=part per million)은 백만분율을 의미한다. 즉, 10000ppm은 1%에 해당한다.

026

아르곤 Ar

비활성기체 발견 역사의 시작

게으른 원소의 발견

공기를 구성하는 주요 기체들은 근대 화학이 태동하던 18세기에 이미 그 정체가 드러났다. 이산화 탄소(CO_2)는 스코틀랜드의 화학자 조지프 블랙Joseph Black 에 의해 '고정된 공기fixed air'라는 이름으로, 산소(O_2)는 영국의 화학자 조지프 프리스틀리Joseph Priestly 와 스웨덴의 화학자 칼 셸레Karl Scheele 에 의해 각각 '탈플로지스톤화 공기dephlogisticated air'와 '불 공기fire air'라는 이름으로, 그리고 질소(N_2)는 스코틀랜드의 화학자 대니얼 러더퍼드Danial Rutherford 에 의해 '플로지스톤화 공기phlogisticated air'라는 이름으로 말이다. 20세기 초반까지 많은 과학자들은 지구의 대기는 주로 저 세 가지 기체 및 수증기(H_2O)로 구성되어 있다고 생각했다.

이러한 믿음에 처음 의문을 제시했던 사람은 수소 기체(H_2)를 최초로 발견한 영국의 화학자 헨리 캐번디시Henry Cavendish 였다. 그는 순차적인 화학반응을 통해 공기 중에서 N_2, O_2, CO_2, H_2O를 모두 제거했는데, 여전히 소량이지만 미지의 기체가 용기 안에 남아 있다는 것을 알았다. 그런데 그것이 도대체 무슨 기체인지 확인할 방법이 없었다.

무언가와 결합을 하든지 해서 분석 가능한 물질을 얻어야 정체를 알수 있을 텐데, 도무지 이 기체는 꿈쩍도 하지 않은 채 남아 있었다. 이기체가 근본적으로 어떠한 화학반응에도 냉담한 비활성기체라는 사실이 밝혀진 것은 1894년 영국의 화학자 윌리엄 램지William Ramsay에의해서였다. 화학의 아름다움은 화학반응을 통해 다양한 화합물을 만들 수 있다는 점이었는데, 비활성기체는 그러한 모습과는 정반대였다. 그래서 램지는 '게으른'이라는 뜻의 고전 그리스어 '아르고스ἀργός'를 따서 이 기체에 아르곤argon (Ar)이라는 이름을 붙여주었다.

고귀한 기체 가족의 탄생

윌리엄 램지는 아르곤의 발견에 만족하지 않고 대기 중에 미량으로 존재하는 비활성기체들을 연이어 찾아내는 데 성공한다. 냉각 기술의 발전 덕분에 대량의 액체 공기를 공급받을 수 있었던 램지는 끈기 있게 실험을 지속한 덕에 1898년에는 크립톤(Kr), 네온(Ne), 그리고 제논(Xe)을 잇따라 발견했고, 1904년에는 라돈(Rn)이 자신이 앞서 발견한 비활성기체들과 비슷한 종류의 원소임을 입증하였다. 한편, 1895년에는 태양에 존재하는 원소라고 알려져 있었던 헬륨(He)을 지구에서 발견했다. 램지가 발견에 관여한 원소들을 원자량 순서대로 나열하면 He, Ne, Ar, Kr, Xe, Rn이 되는데, 이들은 모두 원소 주기율표의 가장 오른쪽 끝에 존재하는 18족 원소들로, 다른 원소들과 화합하려 하지 않는다는 공통적인 특성을 보인다.

　이러한 특성은 원소들의 전자 배치에서 비롯되었다. 화학반응은 전

자를 주고받으며 원자나 분자가 가장 안정한 형태로 전환되기에 일어
나는 것인데, 옥텟 규칙을 만족한 비활성기체 원자의 전자는 이미 가
장 안정한 상태로 배치되어 있다. 그러니 굳이 다른 원자와 만나서 화
학결합을 이룰 필요성을 못 느끼는 것이다. 즉, 아르곤은 너무나도 완
벽한 상태를 유지하고 있기 때문에 게으른 것이다. 원래 가진 것이 많
고 여유로운 사람은 구태여 귀찮은 일을 벌이지 않는 법이다. 그래서
18족 비활성기체들을 이에 빗대 귀족 기체 noble gas 라고도 한다.

모든 생명체는 별의 자손이다

"생화학은 수없이 다양한 생체분자로부터
생명체의 놀라운 특성이 어떻게 발생하는지를
묻는 학문이다."

앨버트 레닝거 외
Albert Lehninger

교재 《Lehninger Principles of Biochemistry》에서

광합성을 하는 단세포 생물이 탄생한 이후, 잇따라 출현한 다양한 생물들이 오랜 시간 동안 번성하며 지구를 서서히 덮었다. 물론 중간중간 대멸종의 시기가 닥쳐와 수많은 생물들이 화석으로만 남는 비극적인 상황이 발생하기도 했다. 그럼에도 불구하고 계속 변화하는 지구 환경에 적응하고자 하는 생명체의 진화는 멈추지 않았고, 무수한 종種의 분화가 이루어진 결과, 다양한 형태와 생활 방식을 가지는 생물들이 상호 의존적인 생태계를 이루었다. 화학의 입장에서 보면, 생물은 탄생하여 소멸할 때까지 능동적인 화학반응을 통해 끊임없이 외부와 화학물질을 주고받는 거대한 분자 조립체다. 이 장에서는 살아 숨 쉬는 생명체로 관심을 옮겨 거대한 분자 조립체를 구성하고 있는 주요한 화학물질들에 대해 알아볼 것이다.

027

셀룰로스 $(C_6H_{10}O_5)_n$

식물 세포벽을 구성하는 주요 고분자

세포의 출현과 함께한 고분자

세포는 외부의 물질을 받아들이고, 받아들인 물질을 처리하고, 생산한 물질을 밖으로 보내는 생물 구성의 최소 단위다. 바다에 등장한 최초의 생물은 하나의 세포로 구성된 박테리아였으니 세포의 출현은 곧 생물의 출현이었다. 그런데 공장이 울타리나 담벽을 통해 내부와 외부를 구별하듯, 하나의 세포가 독립적으로 기능을 유지하기 위해서는 세포 내부와 외부 공간이 명확하게 구분되어야 했다. 그렇지 않으면 세포 내 여러 기관들은 유기적인 관계를 맺고 생명 활동을 수행하기도 전에 외부의 바닷물에 휩쓸려 전부 망망대해에 흩뿌려질 것이었다. 이렇게 세포 영역을 결정하는 울타리를 세포막이라고 하는데, 지구 최초의 생물과 이후 진화를 거듭해 출현한 식물에게는 세포막에 더해 세포를 더 단단하게 지켜주는 세포벽이 존재한다. 그리고 그 세포벽을 구성하는 주요 물질은 바로 셀룰로스cellulose 다.

셀룰로스는 여러 개의 포도당이 베타글리코사이드 결합β-glycosidic bond 이라고 하는 에터ether 결합(−O−)으로 연달아 붙어 만들어진 긴 사슬 형태의 분자다. 화학에서는 이처럼 단량체monomer 라고 불리는 단위 분자가 공유결합을 통해 반복적으로 연결된 물질을 고분자polymer 라고 부른다. 특히 단량체가 한 방향으로 길게 결합한 분자를 그 형태에 빗대어 선형 고분자라고 부르는데, 셀룰로스가 이에 해당한다. 식물들은 광합성을 통해 만든 포도당을 단량체로 삼아 세포벽에 필요한 셀룰로스를 생산한다.

섬유를 만드는 고분자

셀룰로스 고분자 사슬은 서로 나란히 놓여 가느다란 섬유를 만들고 이 섬유들이 다발로 모이면 좀 더 굵은 섬유가 만들어지는데, 분자 사이에 작용하는 수소결합이 다수 중첩되며 기계적으로 강한 섬유가 탄생한다. 그랬기에 최초의 생물이 세포벽 재료로 셀룰로스를 사용했고, 후손 식물들은 셀룰로스로 구성된 기관들을 보유하게 되었다. 지구의 생물권biosphere 에서 찾아볼 수 있는 생물 고분자 중 가장 많은 양을 차지하는 것이 셀룰로스라는 점에서 식물계가 셀룰로스를 얼마나 애용하는지 알 수 있다.

인류는 예로부터 몸을 보호하기 위해 다양한 재료를 활용해 옷을 지어 입었는데, 이런 의생활에 혁신을 선사한 재료가 다름 아닌 셀룰로스다. 청동기 시대 대표 유물인 가락바퀴는 이미 선사 시대 때부터 사람들이 식물로부터 셀룰로스 섬유를 뽑아 사용했음을 증거한다. 가락바퀴를 사용해 만들 수 있는 면綿 섬유와 마麻 섬유는 동서고금을 막론하고 널리 쓰였다. 또한 산업혁명을 견인함으로써 인류 역사를 크게 바꾸어 놓은 계기가 다름 아닌 면섬유를 꼬아 옷감을 만들어 내는 방적기의 출현이었던 것을 떠올려 보면, 셀룰로스는 지구 역사와 인류 역사 모두에 큰 족적을 남긴 생물 고분자임에 틀림없다.

028

리그닌

식물을 지탱하는 단단한 고분자

유연한 식물 vs. 딱딱한 식물

'사람은 생각하는 갈대다'라든가 '민중은 밟혀도 다시 일어나는 잔디와 같다'와 같은 말은 땅 위에서 자라나는 작은 풀, 즉 초본계草本界 식물들이 외부 압력이나 힘에 쉽게 변형될 정도로 유연하기 때문에 생겨났다. 반면 '성품이 대쪽 같다'거나 '뿌리 깊은 나무는 바람에 아니 흔들린다'는 말은 큰 나무, 즉 목질계木質界 식물들이 단단한 줄기와 뿌리로 버티면서 외부 환경의 변화에도 그 형태를 유지하기 때문에 생겨났다. 같은 식물임에도 이렇게 큰 차이를 보이는 이유는 식물 내에 존재하는 리그닌lignin 이라는 딱딱한 고분자 함량에 차이가 있기 때문이다. 초본계 식물의 리그닌 함량이 대략 10% 내외인데 반해 목질계 식물의 리그닌 함량은 30%에 육박한다.

이 딱딱한 특성은 리그닌의 독특한 화학 구조 때문이다. 앞에서 살펴본 셀룰로스와는 달리 리그닌의 단량체인 모노리그놀monolignol 은 한쪽 방향으로만 공유결합을 구성하는 것이 아니라 3차원의 다양한 방향으로 다수의 결합을 이룰 수 있다. 그러다 보니 한 방향으로 뻗어

나가던 사슬은 두어 갈래로 나누어지고, 그렇게 나뉜 사슬들은 또 몇 갈래로 나뉘기를 반복한다. 이렇게 가지치기가 일어난 형태의 고분자를 가지 친 고분자branched polymer라고 부르는데, 가지 친 고분자는 구조상 선형 고분자에 비해 유연하지 못하므로 리그닌은 셀룰로스에 비해 딱딱하다. 그래서 단단한 줄기를 필요로 하는 목질계 식물의 리그닌 함량이 초본계 식물보다 더 높은 것이다.

흰 종이를 얻기 위한 조건

사람들이 리그닌의 존재를 경험적으로 알게 된 것은 종이를 만들게 되면서부터였다. 중국 한나라의 채륜蔡倫이 발명했다고 알려진 종이의 제작은 나무에서 셀룰로스가 주성분인 펄프pulp를 뽑아내는 것에서 출발하는데, 이를 거꾸로 말하면 펄프 공정은 곧 나무로부터 리그닌을 제거하는 과정이다. 오래 두어도 바래지 않는 흰 빛깔의 고급 종이를 만들려면 반드시 리그닌을 최대한 제거해야 했다.

현대화된 제지 공업에서 가장 널리 사용하는 펄프 공정은 잘게 자른 나무에 수산화 소듐($NaOH$)과 황화 소듐(Na_2S)을 혼합한 백액white liquor을 넣고 펄펄 끓임으로써 셀룰로스와 리그닌 사이의 결합을 끊어내는 것인데, 이를 크래프트kraft 공정이라고 한다. 공정이 끝나면 펄프와 함께 흑액black liquor이라고 불리는 걸쭉하고 검은, 강한 염기성의 액체가 부산물로 나온다. 여기에 산을 첨가하여 중화하면 더 이상 용해되지 않는 진한 갈색 가루가 석출되어 바닥에 가라앉는데 이것이 바로 리그닌이다.

이처럼 리그닌은 펄프 생산 과정에서 발생하는 부산물이자 폐기물인데, 제지 업계에서는 리그닌 가루를 모아 화석연료 대신 공장을 가동하는 연료로 재사용하고 있다.[1] 하지만 기껏 얻은 리그닌을 다시 불길 속에 집어넣어 태우는 것은 조금 아까워 보인다. 그래서 어떤 화학자들은 리그닌이라는 재료를 화학 처리함으로써 바닐라 향을 내는 향료인 바닐린vanillin 과 같은 고부가가치 화학물질로 전환하는 연구를 제안하기도 한다.[2] 리그닌의 경우와 같이 기존의 폐기물 재료를 값비싸면서도 유용한 재료로 전환하는 연구는 쓰레기 문제로 골머리를 앓고 있는 다양한 분야에서 진지하게 시도되고 있다.

029

알진산 $(C_6H_8O_6)_n$

해조류를 구성하는 주요 고분자

해조류의 세포벽

초본계와 목질계의 분류되는 육상 식물과는 달리 바다에 서식하는 식물은 보통 바닷말 혹은 해조류海藻類 라고 부른다. 해조류는 끊임없이 움직이는 바닷물의 흐름에 맞추어 유연하게 움직일 수 있도록 육상 식물과는 전혀 다른 고분자를 구성 요소로 취하게 되었는데, 그것이 바로 알진산alginic acid 이다.

선형 고분자인 알진산의 화학구조는 셀룰로스와 일견 비슷하게 생겼다. 하지만 알진산을 구성하는 단량체는 포도당이 아닌 글루론산 gluronic acid 와 만누론산mannuronic acid 인데, 이처럼 서로 다른 단량체들이 결합하여 만들어진 고분자를 공중합체copolymer 라고 한다.

한편 알진산酸 이라는 이름이 붙은 이유는 고분자 사슬의 곁가지로서 카복실기carboxylic group (—COOH)라고 하는 기능기를 가지고 있기 때문이다. 카복실기를 포함한 물질을 카복실산carboxylic acid 이라 하며, 이들은 물에 녹아 수소 이온(H^+)을 내놓기 때문에 산으로 간주된다.

$$R{-}COOH \rightarrow R{-}COO^- + H^+ \bullet$$

가짜 생선알의 재료

해조류를 수산화 소듐(NaOH)으로 처리하면 알진산을 알진산 소듐 sodium alginate 의 형태로 얻을 수 있다. 알진산 소듐은 물에 무척 잘 녹고 점성의 액체를 쉽게 만들어 화장품과 식재료 등에 널리 쓰인다.

$$R{-}COOH + NaOH \rightarrow R{-}COO^-Na^+ + H_2O$$

그런데 알진산 소듐이 칼슘 이온(Ca^{2+})을 포함하는 수용액에 떨어지게 되면 더 이상 물에 녹지 않는 불용성 고체로 순식간에 굳어진다. 이는 알진산 소듐에 들어 있던 소듐 이온(Na^+)이 Ca^{2+}으로 치환되어 알진산 칼슘calcium alginate 이 만들어지기 때문인데, 하나의 카복실기와 결합하는 Na^+과는 달리 Ca^{2+}은 다수의 카복실기와 강하게 결합할 수 있으므로 알진산 고분자가 물에 녹지 못하게 인접한 고분자 사슬들을 꽉 붙잡는다. 그런데 이러한 치환 반응이 무척 빨라서 시계로 굳는 시간을 재기도 전에 이온 교환이 일어나곤 한다.

이 화학반응을 식재료에 활용해서 만든 것이 초밥이나 롤 위에 올리는 가짜 생선알이다. 가짜 생선알은 붉은 색소와 맛 성분이 섞인 알진산 소듐 수용액을 그릇 안에 든 고농도의 염화 칼슘($CaCl_2$) 수용액에 방울방울 떨어뜨려 만든다. 알진산 소듐 방울이 $CaCl_2$ 수용액과 닿는 즉시 방울의 표면에서 이온 교환 반응이 일어나 순식간에 방울 겉면을 물에 녹지 않는 알진산 칼슘으로 살짝 바꿔놓는다. 얇지만 치밀하게 생성된 알진산 칼슘 막은 더 이상 Ca^{2+}이 방울 내부로 침투하지 못하게 막고, 그 결과 내부는 여전히 알진산 소듐 수용액으로 가득한 알 모양의 탱탱한 물주머니가 만들어지는 것이다.

● 화학 반응식에 등장하는 —R은 본래 명시되지 않은 알킬기 alkyl group 를 의미하며, —C_nH_{2n+1}에 해당하지만, 의미가 확장되어 아무 분자의 명시되지 않은 어떤 부분을 뭉뚱그려 나타내는 데 쓰이기도 한다.

030

엽록소 $C_{55}H_{72}O_5N_4Mg$

광합성의 필수 색소

붉은빛 흡수

붉은색과 노란색, 보라색 등등 다양한 색깔을 뽐내는 꽃잎을 즐기다가 녹음이 가득한 숲과 잔디밭을 보노라면 왜 우리 주변의 식물들은 죄다 녹색투성이일까 궁금증이 들 만도 하다. 나뭇잎에 존재하는 색소가 녹색을 띠는 엽록소chlorophyll 라는 사실 때문이라는 것은 어려서부터 들어와서 잘 알고 있지만, 세상에 다른 색소도 많건만 왜 하필이면 엽록소여야 했을까?

식물은 광합성을 해서 생명을 유지해야 하는데, 한 곳에 뿌리박힌 채 자리를 옮겨 다닐 수 없으므로 주어진 위치에서 한정된 태양빛을 최대한 효율적으로 활용해야만 먹고 살 수 있다. 한편 태양빛은 지구에 들어오면서 여러 저항을 받게 되는데, 그중 가시광선은 대기 중 질소(N_2) 및 산소(O_2) 분자에 의해 산란된다. 산란되는 정도는 빛의 파장이 짧을수록 심해지므로 지표면으로 쏟아지는 가시광선 중에서 가장 센 빛은 파장이 긴 붉은빛이다.* 그렇다면 식물 입장에서는 광합성 효율을 최고로 끌어올리기 위해 다른 빛보다는 붉은빛을 가장 잘 흡수

하는 분자를 보유하는 것이 생존에 당연히 유리하다. 그래서 붉은빛을
잘 흡수하는 엽록소 분자가 광합성을 담당하는 나뭇잎에 보편적으로
존재하게 되었다.

보색이 보인다

그렇다면 엽록소는 어떻게 해서 붉은빛을 흡수하는 것일까? 그 비밀
은 엽록소 분자의 전자 에너지 구조에 숨어 있다. 각 집마다 아파트 층
수로 표현되는 높이 차이가 있는 것처럼, 전자들이 자리 잡는 분자 오
비탈에는 에너지 높이 차이가 존재한다. 한편 우리가 전망대가 위치한
높은 빌딩 위로 올라가기 위해 입장료를 내고 엘리베이터를 타듯, 전
자가 A라는 오비탈에서 그보다 에너지 수준이 높은 B라는 오비탈로
이동하기 위해서는 A와 B사이 간격만큼의 에너지를 지불해야만 한다.
세상에는 공짜가 없으니 그 에너지는 외부로부터 벌어와야 하는데, 가

시광선이 바로 좋은 지불 수단이 된다. 전자가 외부의 가시광선을 흡수함으로써 더 높은 오비탈로 이사하는 비용을 마련하는 것이다.

그러니 우리 주변에서 스스로 빛나는 물질이 아닌 이상, 색깔을 띠고 있는 모든 물질은 외부의 가시광선을 흡수한다. 검은색은 파장 영역대의 모든 가시광선을 흡수하고, 흰색은 반대로 모든 영역대의 가시광선을 반사한다. 한편, 분자가 특정한 색깔의 빛만 흡수하면 그 색깔이 아닌 빛들은 반사되어 사람의 눈으로 들어오게 되는데, 시신경을 통해 시각 정보를 전달받은 대뇌는 이 분자를 흡수한 색깔의 보색補色으로 인식한다. 식물은 가장 높은 광합성 효율을 확보하기 위해 그저 붉은빛을 잘 흡수하는 분자를 나뭇잎에 도입했을 따름이지만, 그 결과 인간에게는 나뭇잎이 붉은색의 보색인 녹색으로 보이는 것이다. 마찬가지 이유로 노란색 분자는 남색을, 빨간색 분자는 초록색을 주로 흡수한다. 미술관에서 볼 수 있는 형형색색의 물감들이 사실은 정확하게 그 색깔의 보색을 흡수하기 때문에 그와 같은 아름다운 색깔을 내고 있었던 것이다.

● 　이러한 산란을 레일리 산란 Rayleigh scattering 이라고 한다.

031

베타카로틴 $C_{40}H_{56}$

당근의 색깔을 내는 카로틴

엽록소의 보조색소

전 편에서 언급한 엽록소가 지상에 도달하는 붉은빛을 잘 흡수하기 때문에 광합성에 유리한 것은 사실이지만, 식물이 광합성 효율을 더 끌어올리려면 다른 가시광선 영역의 빛도 흡수할 수 있는 보조 색소들도 함께 가지고 있는 편이 좋을 것이다. 바로 카로틴carotene 계열의 분자들이 대표적인 보조 색소다.

탄소(C)와 수소(H)로만 이뤄진 카로틴의 화학구조에는 탄소 원자 간 단일결합과 이중결합이 번갈아 가며 사슬 형태로 길게 이어진 부분이 포함되어 있는데, 화학에서는 이를 공액계conjugated system 라고 부른다.

이 공액계 양쪽 끝에 결합한 화학구조가 어떤 카로틴 분자인지를 결정하는데, 서로 다른 카로틴 분자를 구별하기 위해 이름 앞에 그리스 문자를 붙인다. 이 중 나뭇잎에 포함되어 있는 베타카로틴β-carotene 은 푸른 빛을 주로 흡수하는 공액계 구조이므로 보색인 주황색을 띤다.• 즉, 식물은 엽록소가 주로 흡수하는 붉은빛 외에도 푸른 빛까지 광합성에 활용하기 위해 베타카로틴을 잎에 포함하고 있는 것이다.

고엽 Les Feuilles Mortes

잎은 광합성으로 양분을 생산하기도 하지만 증산蒸散 작용을 통해 뿌리로부터 흡수한 물을 공기 중으로 내보내는 일도 담당한다. 그런데 낮의 길이가 짧고 추운 겨울날에는 광합성을 통해 양분을 생산하는 이점보다는 증산작용으로 인한 수분 손실이 더 큰 문제가 되기 때문에, 식물들은 겨울이 오기 전 과감하게 잎을 모두 떨어뜨린다. 여름 내내 녹음을 자랑하던 숲이 겨울만 되면 앙상한 가지와 줄기, 그리고 땅에 떨어진 낙엽으로 황량해지는 이유다.

하지만 공장 폐쇄에도 정해진 순서가 있듯이 잎을 떨어뜨리는 데에도 순서가 있는 법이다. 우선 잎에 저장된 양분들을 다른 곳으로 옮기고 나면, 잎과 줄기 사이에 형성된 단단한 코르크층인 떨켜가 잎으로 향하는 수분과 양분의 공급을 차단한다. 생명을 잃은 잎에서는 광합성의 필수 요소인 엽록소가 파괴된다. 잎은 엽록소 특유의 녹색을 잃게 되고, 보조 색소로 들어있던 카로틴의 색깔이 그제야 드러나게 된다. 그 결과 생명을 잃게 된 풀과 나뭇잎이 누르스름하게 변한다.

이브 몽탕Yves Montand 의 노래 〈고엽 Les Feuilles Mortes 〉의 첫 소절 '오, 난 당신이 기억해 줬으면 좋겠어요'는 카로틴만 남아버린 누런 잎이 엽록소가 가득하던 푸릇푸릇한 예전 자신의 모습을 기억해 달라는 한풀이와 어느 정도 일맥상통하는 듯하다.

• 참고로 금속을 포함하지 않은 유기화합물이 색깔을 띤다면 화학구조에 공액계가 있을 가능성이 높으니 구조를 잘 살펴보는 것이 색소 분자 이해에 도움이 된다.

032

사이아니딘 $C_{15}H_{11}O_6{}^+$

포도와 베리의 색깔을 내는 화청소

색이 다른 기관의 필요성

먹고 사는 문제 외에 식물도 엄연히 동물과 같은 번식 본능을 가지고 있으니, 곧 씨앗을 만들고 퍼뜨리는 것이다. 그런데 번식의 의무는 불행히도 식물 스스로는 해낼 수 없다. 일단 씨앗을 만들려면 수술의 꽃가루가 암술머리에 옮겨붙는 수분受粉 이 일어나야 한다. 하지만 식물은 스스로 움직일 수 없으니 다른 존재가 수분을 대신해 주어야만 한다. 학자들의 의견에 따르면, 가장 대표적이자 원시적인 '다른 존재'는 바람이었다. 봄마다 길바닥을 노랗게 만드는 송화 가루는 바람이 수분을 매개하는 대표적인 예다. 그런데 바람은 언제 어떤 세기로 어디에서 불어와 어디로 가는지 아무도 알지 못하므로 수술로부터 무작위적으로 날리는 꽃가루가 암술머리에 닿을 확률은 극히 낮다. 이렇게 이길 확률이 낮은 게임은 위험하다. 그래서 식물들은 수분 확률을 높이기 위해 목표와 의지를 가지고 하늘을 움직여 다니는 새와 곤충을 활용하기로 했다.

하지만 무슨 수로 새와 곤충이 꽃으로 날아와 꽃가루를 자기 몸에

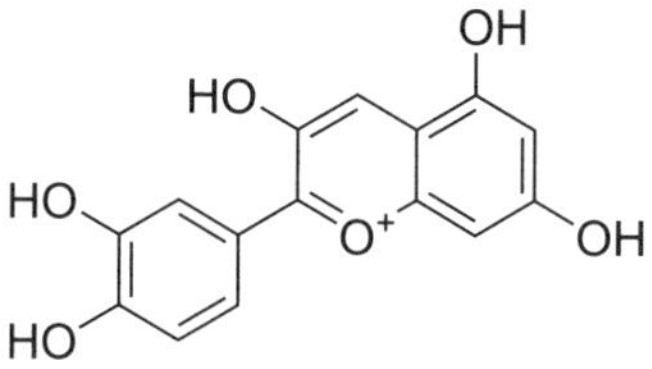

비빈 뒤 다른 꽃으로 날아가 암술머리에 그것을 옮기게 할 수 있을까? 식물이 고안한 방법은 크게 두 가지였다. 우선 꽃에서 새와 곤충이 좋아하는 꿀, 즉 화밀花蜜 을 내보내는 것이다. 하지만 좀 더 확실하게 동물들을 유인하기 위해서는 꽃의 위치를 확실하게 알려주는 것이 필요했다. 그래서 꽃은 엽록소 대신 번식 본능을 품은 다양한 색소, 즉 화청소花靑素 를 포함하였고, 덕분에 꽃 색깔은 화려하고 다양해졌다.

화청소의 분자구조

붉은 색깔의 화청소는 하나의 단일한 분자가 아니라 비슷한 화학구조를 가진 다양한 색소 분자들을 통틀어 일컫는 말이다. 화청소 역시 카로틴처럼 공액계를 가지고 있어 색깔을 띠는데▶31, 카로틴과는 달리 사슬 형태의 공액계가 아니라 고리 형태의 공액계가 서로 연결된 화학구조를 가지고 있다.

예를 들어 화청소 중 가장 간단한 구조를 가진 분자인 사이아니딘 cyanidin 은, 초록색 계열의 빛을 흡수하기 때문에 보색에 해당하는 자줏빛을 띤 색소다. 한편 사이아니딘은 보랏빛을 띠는 포도나 블루베리 같은 열매에서도 많이 찾아볼 수 있는데, 화청소가 꽃이 아닌 열매에도 풍부한 것은 동물들을 열매로 유인하기 위한 식물의 전략에서 비롯된 것이다. 동물들이 열매를 많이 먹고 소화되지 않은 씨앗을 배설해야만 멀리 떨어진 곳에서 자손 번식이 가능하기 때문이다. 엽록소와 카로틴이 식물의 먹고살고자 하는 본능에 충실한 색소라면, 화청소는 식물의 번식 본능을 오롯이 드러낸 색소라고 할 수 있겠다.

033

포도당 $C_6H_{12}O_6$

광합성의 제일 목적

여섯 개의 탄소를 가진 탄수화물

포도당의 화학식($C_6H_{12}O_6$)을 $C_6(H_2O)_6$라고 묶어 쓸 수 있는데, 실제 화학구조는 전혀 그렇지 않지만 이것은 마치 탄소(C)가 물(H_2O)과 화합한, 즉 수화水化 된 탄소처럼 보인다. 그래서 탄소와 수소(H), 산소(O)로 구성되어 있으면서 이와 같은 화학식으로 표현 가능한 분자를 탄수화물carbohydrate 이라고 부른다. 대표적인 탄수화물이 설탕이다 보니 탄수화물을 다른 말로 당류saccharide , 심지어 단순히 당sugar 이라고도 한다. 특별히 탄소 수가 적은 단순한 탄수화물을 단당류monosaccharide 라고 부르는데, 포도당은 C 원자 개수가 6개인 단당류로서 6탄당에 속한다.

포도당이 다른 단당류보다 더 주목받은 이유는 광합성의 최종 생산물이기 때문이다. 지구상 모든 식물들은 광합성으로 이산화 탄소와 물을 포도당과 산소로 바꿔놓는다.

$$6CO_2 + 6H_2O \rightarrow C_6H_{12}O_6 + 6O_2$$

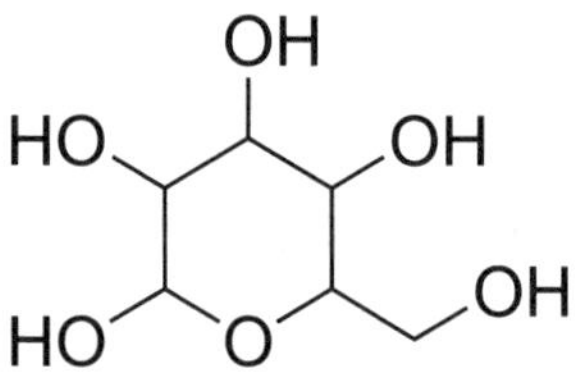

그 많은 탄수화물 중 하필이면 포도당이었을까 싶겠지만, 포도당이야말로 광합성이라는 화학반응을 통해 만들 수 있는 안정한 물질이면서 생명 활동에 사용하기 적합한 분자였다. 이는 식물뿐만 아니라 동물들도 생명 활동을 위한 에너지원으로서 포도당을 사용한다는 점에서 알 수 있다. 아파서 기진맥진한 사람의 혈관에 직접 투입하는 수액 역시 포도당이 주성분이지 않던가? 광합성으로 만들어진 포도당은 지구상 생물들이 삶을 영위하는데 필수적인 분자로 자리매김했다.

혈액 속 포도당

포도당의 영문명 'glucose'는 단맛을 의미하는 고전 그리스어 '글뤼퀴스γλυκύς'에 탄수화물을 일컬을 때 일괄적으로 사용하는 접미사인 '-ose'가 붙은 단어다. 즉, 발견자가 주목했던 포도당의 가장 큰 특징은 달콤한 맛이었다. 이 단맛을 내는 분자는 혈관을 통해 우리 몸 세포 여러 곳에 운반되어 다양한 활동에 쓰인다. 그런데 언제 어느 기관이 포도당을 필요로 할지는 알 수 없기 때문에 우리 몸은 혈액 내 포도당의 농도, 즉 혈당을 항상 일정하게 유지시키는 전략을 택했고, 이를 달성하기 위해 호르몬을 사용한다. 예를 들어 혈당이 과도하게 높으면 인

슐린insulin 을[40], 혈당이 지나치게 낮으면 글루카곤glucagon 이나 코티솔
cortisol 을 내보내는 식이다.

그런데 이러한 혈당 조절 기능이 실패하면 핏속 포도당이 너무 많
아져 각종 문제가 발생하고, 넘치는 포도당이 그대로 소변으로 빠져나
가는 경우가 발생한다. 고대 인도 학자들은 불치병을 앓는 몇몇 사람
이 배설한 소변 주변으로 벌레가 모여드는 것을 관찰했고, 이들이 달
콤한 물질이 몸 밖으로 빠져나오는 질병을 앓는다고 보았다.[3] 이것이
바로 달콤한 소변을 누는 증상, 곧 당뇨병diabetes 이다. 물론 선천적인
이유나 부상으로 인해 호르몬 조절 기능이 약화되어 당뇨병 증상을
보이는 사람들도 적지 않으나, 이러한 특별한 경우가 아니라면 당뇨병
은 대부분 잘못된 생활 습관에서 비롯된다. 전 세계 인구의 약 10.5%
가 당뇨병으로 고생하는 요즘[4], 우리가 매일 먹는 음식과 혈액 내 포도
당 농도에 관심을 기울여야 할 필요가 있다.

034

녹말 $(C_6H_{12}O_5)_n$

식물이 생산한 에너지 저장고

물에 녹지 않는 에너지 적금

광합성을 통해 만든 포도당은 만든 즉시 사용하기에는 유용하지만, 물에 잘 녹다 보니 식물 내에 오랫동안 보관하기에는 부적절하다. 그래서 식물은 광합성으로 생산한 단당류 포도당을 중합해서 물에 녹지 않는 다당류polysaccharide 고분자 형태로 전환하여 저장하기로 했다. 이렇게 저장된 다당류는 훗날 필요할 때마다 분해해서 포도당으로 바꿔 쓸 수 있었다. 그런데 포도당을 베타-글리코사이드 결합으로 길게 연결시키면 셀룰로스가 합성되기는 하지만[27], 자신의 몸을 구성하는 셀룰로스를 에너지 저장고로 동시에 활용할 수는 없는 노릇이었다. 그래서 식물은 포도당을 셀룰로스와는 달리 알파글리코사이드 결합으로 연결시켜 새로운 고분자를 만들었다. 그것이 녹말starch 이다.

녹말의 정확한 과학적인 명칭은 아밀로스amylose 와 아밀로펙틴amylopectin 이다. 포도당이 알파 결합으로 중합되면 한 방향으로 계속 도는 나선형 구조를 만든다. 그래서 아밀로스도 셀룰로스와 마찬가지로 화학구조로 따지자면 선형 고분자이기는 하지만, 기하학적으로는

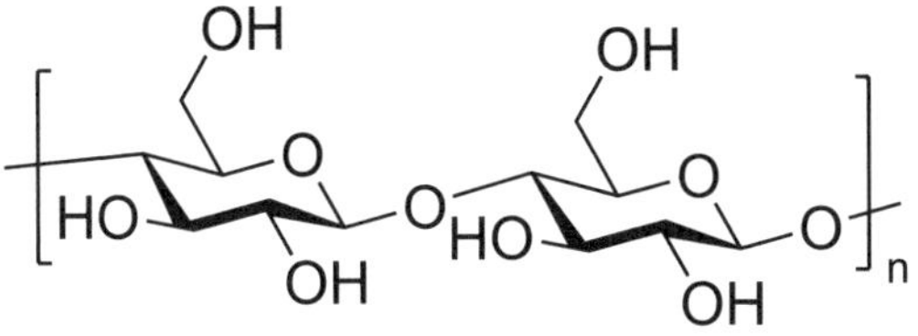

용수철과 같은 형태를 가진다. 아밀로펙틴은 여기에 가지치기가 된 형태로, 녹말은 아밀로스와 아밀로펙틴이 섞인 혼합물을 일컫는 일상적인 이름이라고 보면 된다.

인류의 주식

광합성이 일어난 잎에서는 포도당이 물에 녹지 않는 녹말의 형태로 저장되는데, 몇몇 식물들은 이렇게 저장된 녹말을 특정 부위에 모아둔 특수한 구조를 만들어 낸다. 쌀, 밀, 옥수수 등과 같은 곡류, 감자와 같은 덩이줄기 식물, 그리고 고구마, 카사바와 같은 덩이뿌리 식물이 여기에 속한다.

녹말은 셀룰로스와 달리 인간의 소화 효소가 분해할 수 있다. 당장 잘 지은 쌀밥 한 숟갈을 입에 넣고 오물오물 씹다 보면, 시간이 지날수록 처음에는 느끼지 못한 단맛을 느낄 수 있다. 이는 침 속에 포함되어 있는 녹말 분해 효소인 아밀레이스amylase 가 녹말을 사정없이 잘라 엿당과 덱스트린dextrin 으로 분해하기 때문이다.[39] 이처럼 녹말의 알파 결합은 소화 기관이 내보내는 효소에 의해 순차적으로 분해되어 생체 에너지원인 포도당으로 전환된다. 그래서 인류는 저장과 운반이 용이

한 곡류와 덩이 식물을 주식으로 애용했다. 그리고 이러한 주식을 안정적이고도 지속적으로 공급하기 위해 기원전 1만 년 전부터 농업을 시작했고, 녹말이 이끈 농업 혁명은 알다시피 인간 역사를 송두리째 바꿔 놓았다.

035

아데닌 $C_5H_5N_5$

유전 정보를 품은 염기 분자

부전자전의 과학

자녀가 부모를 닮는 것은 동서고금을 막론하고 널리 알려진 사실이었지만, 옛날 사람들은 정확히 무엇 때문에 부전자전父傳子傳이 실현되는지 알지 못했다. 다만 '피는 못 속인다.'라는 말에서 드러나듯, 많은 사람들은 피를 통해 자신의 형질이 다음 세대로 유전된다고 막연히 생각해 왔을 뿐이다. 그런데 완두콩을 재배하며 유전 원리를 깨달은 오스트리아의 수도사 그레고어 멘델Gregor Mendel 이후 다수의 과학자들은 생명체에 유전을 담당하는 특수한 물질이 있다는 것을 알게 되었다. 그것은 피도 단백질도 아닌 염색체chromosome 라는 것이었으며, 그중에서도 핵심은 염색체를 구성하고 있는 디옥시리보핵산deoxyribonucleic acid , 그러니까 DNA이라는 존재였다.

DNA는 1869년 스위스 화학자 프리드리히 미셔Friedrich Miescher 가 처음으로 발견했다. 그는 백혈구 속 단백질을 연구하다가 뜻밖에도 인(P)과 질소(N)를 가지고 있으나 황(S)이 없는 거대한 분자를 발견했다. 훗날 핵산nucleic acid 이라고 불리게 된 이 분자의 구조는 미국의 화학자

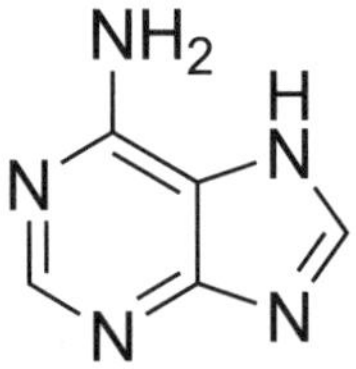

피버스 레빈 Phoebus Levene 에 의해 비교적 명확하게 밝혀진다. 레빈에 따르면 핵산은 뉴클레오타이드 nucleotide 가 중합되어 연결된 고분자다. 여기서 뉴클레오타이드는 인산기($-OPO_3^{2-}$)과 5탄당인 리보스 ribose, 그리고 4종류의 서로 다른 염기 분자가 결합해 있다. 바로 아데닌 adenine (A), 구아닌 guanine (G), 사이토신 cytosine (C), 타이민 thymine (T)이다.

짚신도 제 짝이 있다

개체의 형질이 DNA에 기록된 방식은 생각보다 간단하다. 바로 뉴클레오타이드에 붙은 4종의 염기 분자들이 나열된 순서, 즉 서열이다. 손발의 크기라든지 담백한 음식을 좋아하는 취향 모두 놀랍게도 A, G, C, T의 긴 나열로 표현 가능한 것이다. 1997년에 개봉한 SF 영화인 《가타카 Gattaca 》는 유전 성향에 따라 모든 것이 결정된 미래 사회를 배경으로 하고 있는데, 극 중의 우주항공회사이자 이 영화 제목이기도 한 'Gattaca'는 모두 염기 분자를 나타내는 알파벳의 조합으로만 되어 있다는 점에서 유전자가 인간의 모든 특성을 결정하는 상상 속 어두운 미래의 모습을 특별히 더 부각시킨다.

한편 아데닌과 구아닌은 N을 포함한 탄소화합물 고리 두 개가 서로 연결되어 있는 퓨린purine 계열 분자이고, 사이토신과 타이민은 N을 포함한 탄소화합물 고리인 피리미딘pyrimidine 계열 분자다. 퓨린과 피리미딘 사이에는 물(H_2O)이나 암모니아(NH_3)에서 볼 수 있는 수소결합이 가능한데, 아데닌은 화학구조상 사이토신과는 수소결합을 잘 이루지 못하지만, 타이민과는 마치 열쇠와 자물쇠처럼 구조가 딱 들어맞아 강한 결합이 가능하다. 반대로 같은 퓨린 계열 염기인 구아닌은 구조상 타이민과는 결합하기 불리하지만 사이토신과는 잘 들어맞는다. 그래서 DNA 속에서 A−T, G−C는 항상 짝으로 결합되어 있으며, 훗날 이러한 화학적 정보는 DNA의 이중나선 구조를 이해하는 데 결정적인 열쇠가 된다.

036

포스파티딜콜린 $C_{44}H_{86}NO_8P$

동물 세포막을 구성하는 이중층

야누스 분자

동물이 식물과 구별되는 특징 중 하나는 바로 움직인다는 것이다. 이러한 움직임이 유연하고 민첩하려면 동물을 구성하는 세포들이 뻣뻣해서는 안 될 노릇이다. 그래서 동물의 세포에는 식물 세포에 존재하는 단단한 셀룰로스 세포벽을 찾아볼 수 없다. 오직 세포막만이 동물 세포의 안과 밖을 분리하는데, 이 세포막을 구성하는 수많은 물질 중 가장 특징적인 분자가 바로 인지질phospholipid이다.

인지질은 마치 두 개의 꼬리가 달린 올챙이처럼 생겼다. 머리 부분에는 인산($-OPO_3^{2-}$)을 포함한 부분이, 그리고 두 꼬리에는 길다란 탄화수소[56] 사슬이 자리 잡고 있다. 그런데 머리인 인산은 물(H_2O)과 친한 친수성hydrophilicity, 꼬리인 탄화 수소 사슬은 물을 싫어하는 소수성hydrophobicity을 보인다. 이렇게 한 분자 안에 친수성과 소수성 부분이 동시에 존재하는 성질을 양친매성amphiphilic이라고 한다. 양친매성 분자는 로마 신화에 등장하는 문과 변화의 신인 야누스Janus를 떠올리게 하는데, 야누스는 앞뒤를 바라보는 두 얼굴이나 머리가 함께 있는 모

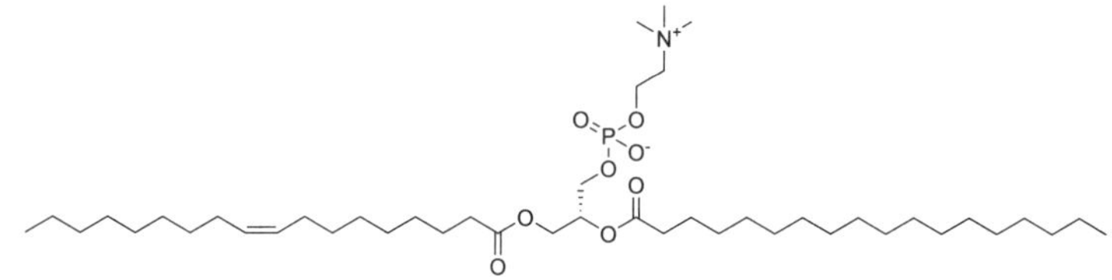

습으로 묘사되곤 하기 때문이다. 인지질 외에도 야누스 분자의 대표적인 예로는 우리가 매일 같이 사용하는 비누, 세제와 같은 계면활성제를 들 수 있다.

세포는 거품

인지질은 물 안에서 특별한 구조체를 만든다. 친수성인 인지질의 머리는 웬만하면 물 혹은 다른 인지질의 머리와 맞닿기를 원하고, 소수성인 꼬리는 되도록 물과 접촉하기를 피하면서 다른 인지질의 꼬리 근처에 있기를 원한다. 그 결과 머리는 세포 안과 밖을, 꼬리는 그 사이에서 서로 마주 보는 형태로 두 층의 인지질 조립체가 거품같이 둥그런 물주머니인 소포vesicle 를 만든다. 그러니 세포는 인지질이 만들어 낸 거품의 내부인 셈이다.

이처럼 인지질과 같은 작은 분자가 거대한 크기의 구조를 스스로 만들어 내는 현상을 자기조립self-assembly 이라고 한다. 이런 조립체를 만드는데 외부 영향은 전혀 필요 없고 단지 분자 간 특정한 상호작용만 있으면 자발적으로 자기조립이 가능하다. 양친매성 분자들이 형성하는 구조들이 대개 자기조립에 의한 것인데, 기름때를 제거하는 세제가 물 안에서 형성하는 마이셀micelle 도 대표적인 자기조립 구조다.

포스파티딜콜린phosphatidylcholine 은 자기조립이 가능한 인지질의 한 종류로, 인체 세포막의 60%를 차지할 정도로 흔한 세포막 인지질 분자다. 프랑스의 생화학자 테오도르 고블리Théodore Gobley 는 1846년 계란 노른자로부터 포스파티딜콜린을 비롯한 인지질 혼합물을 처음으로 분리해 내는 데 성공했는데, 투명한 막 덕분에 흰자로부터 분리되어 있는 노른자로부터 세포의 안과 밖을 구분 짓는 세포막의 구성 성분을 발견했다는 점은 특기할 만하다.

글라이신 $C_2H_5NO_2$

가장 간단한 아미노산

단백질의 구성성분, 아미노산

셀룰로스와 리그닌으로 구성된 식물과는 달리 동물의 기관을 주로 구성하는 물질은 단백질protein 이다. 서로 닮은 구석이 전혀 없는 셀룰로스와 단백질에도 한 가지 공통점이 있으니, 바로 둘 다 생체 고분자라는 점이다. 단, 셀룰로스는 포도당이라는 하나의 단량체가 반복적으로 결합된 중합체인 반면, 단백질은 무려 20개의 서로 다른 단량체가 결합된 공중합체다. 그리고 단백질의 단량체는 아미노산amino acid 이라는 물질이다.

아미노산이라는 이름은 이 분자가 아미노amino (아민amine 이라고도 한다)라는 기능기(—NH₂)를 가지고 있는 카복실산carboxylic acid 이기 때문이다. 단백질을 구성하는 모든 아미노산은 곁가지에 무엇이 붙어 있든 상관없이 반드시 하나의 아민기와 카복실기(—COOH)를 포함한다. 그리고 이러한 구조적 특성 덕분에 아미노산끼리 결합할 수 있는데, 한쪽 아미노산의 아민기와 다른 아미노산의 카복실기는 서로 결합하여 펩타이드peptide 결합을 만든다.• 이러한 펩타이드 결합(—CONH—)

이 반복되어 폴리펩타이드polypeptide, 즉 단백질이 만들어진다.

$$H_2N-R_1-COOH + H_2N-R_2-COOH$$
$$\rightarrow H_2N-R_1-CONH-R_2-COOH$$

아미노산의 서열과 단백질의 생김새

아미노산 중에서 가장 간단한 분자는 글라이신glycine으로 아민기와 카복실기 외에 특수한 구조가 없는 아주 단순하게 생긴 분자다. 글라이신이라는 단어가 길다 보니 단백질을 연구하는 사람들은 이를 줄여서 'Gly', 혹은 더 간단히 'G'로 표현하기도 한다.

유전 정보가 뉴클레오타이드의 염기 서열로 결정되는 것처럼[35], 단백질의 화학구조는 아미노산의 결합 순서에 의해 결정된다. 그런데 단백질의 기능은 단순히 서열만으로 결정되지 않는다. 아미노산들이 일렬로 결합하여 단백질을 만들게 되면 부분마다 존재하는 기능기 간의 화학적 상호작용에 의해 단백질은 종이접기마냥 접히게 된다. 이 때문에 각각의 단백질은 자기만의 독특한 3차원 구조를 형성하는데, 이 구조를 아는 것이 단백질의 기능을 이해하는데 핵심적인 역할을 한다. 그런데 가능한 단백질 접힘 구조가 하도 많고 복잡하다 보니 아미노산 서열 정보가 있다 한들 종이와 연필만 가지고서는 단백질 구조를 정확하게 계산하는 것은 불가능에 가깝다.

이를 위해 컴퓨터를 활용한 수많은 계산과학 기술이 개발되었고, 최근 등장한 인공지능도 많은 어려움을 빠르게 해결하고 있다. 단백질

구조에 대한 정확한 예측은 생명 현상의 원리와 조절 메커니즘을 명쾌하게 해석해 줄 뿐만 아니라, 신약 및 기능성 물질 개발에 큰 도움을 준다. 2024년 노벨 화학상이 단백질 구조 예측 인공지능 알파폴드 AlphaFold 를 개발한 구글의 최고경영자 데미스 허사비스 Demis Hassabis 와 연구원 존 점퍼 John Jumper 에게 수여된 것은 그만큼 아미노산으로부터 만들어진 단백질 구조의 예측이 혁신적인 미래 생화학 기술의 핵심임을 말해주고 있다.[5]

아마이드 amide 결합이라고도 한다. 생화학 biochemistry 에 가까울수록 펩타이드라는 용어를 더 선호하는 편이다.

유기화합물의 기능기

기능기functional group 란 화합물에 독특한 성질을 부여하는 특정한 원자, 원자단, 결합을 의미하며 작용기, 관능기라고도 부른다. 유기화학에서 분자의 화학적 성질과 반응의 결과를 예측하기 위해서는 기능기의 올바른 이해가 필수적이다. 아래는 주요한 기능기의 화학식과 이들을 포함한 대표적인 분자를 제시하였다.

이름	화학식	화합물 명칭	대표적인 분자
알킬 alkyl	$-C_nH_{2n+1}$	–	에틸벤젠 $C_2H_5C_6H_6$
수산화 hydroxy	$-OH$	알코올	에탄올 C_2H_5OH
에터 ether	$-O-$	에터	다이에틸에터 $C_2H_5OC_2H_5$
폼일 formyl	$-CHO$	알데하이드	폼알데하이드 $HCHO$
카보닐 carbonyl	$-CO-$	케톤	아세톤 CH_3COCH_3
카복실 carboxyl	$-COOH$	카복실산	아세트산 CH_3COOH
에스터 Ester	$-COO-$	에스터	아세트산에틸 $CH_3COOC_2H_5$
아민/아미노 amine/amino	$-NH_2$	아민	메틸아민 CH_3NH_2
아마이드/펩타이드 amide/peptide	$-CONH_2$	아마이드	아세트아마이드 CH_3CONH_2

038

수산화 인회석 $Ca_5(PO_4)_3(OH)$

뼈와 치아를 구성하는 무기물

단단한 세라믹 재료

동물, 특히 척추동물이 식물로부터 구별되는 또 다른 특징은 바로 뼈가 있다는 것이다. 뼈대는 척추동물의 각종 기관과 근육을 지탱한다. 만일 뼈가 사라지거나 파괴되면 동물들은 육체 형태를 유지할 수 없어 주저앉을 수밖에 없고, 모든 내장 기관들이 자기 자리를 유지하지 못할 뿐만 아니라 외부 충격에 의해 쉽게 파손된다. 건물을 지을 때 나무나 철근 콘크리트 등으로 무게를 효과적으로 견딜 수 있는 골조骨組를 먼저 만드는데, 이는 육체를 붙들어 두는 핵심적인 역할을 담당하는 뼈에 비유한 말이다. 그러니 뼈는 무조건 단단해야 한다.

그런데 동물의 몸을 구성하는 생체 고분자들은 유연하고 약하기 때문에, 동물에게는 이들과는 전혀 다른 성질의 강한 물질이 필요했다. 그리고 이 요구를 충족시킨 물질이 바로 수산화 인회석hydroxyapatite 이라는 세라믹 소재였다. 뼈의 약 70%를 차지하고 있는 수산화 인회석은 칼슘 이온(Ca^{2+})과 인산 이온(PO_4^{3-}), 수산화 이온(OH^-)이 결합한 무기화합물이다. 뼈는 수산화 인회석의 치밀한 육각형 결정 구조 덕분에 단단한데, 그래서 선사 시대 사람들도 동물의 뼈를 효과적인 무기나 방어구로 사용하곤 했다.

하지만 뼈도 나이가 들면 점차 약해진다. 특히 중년 여성에게서 자주 보이는 골다공증osteoporosis은 문자 그대로 뼈에 구멍이 많이 생기는 증상인데, 나이가 들면서 밀도가 높은 뼈의 생성이 둔화되어 발생한다. 구멍이 숭숭 뚫려 강도가 저하된 뼈는 외부 충격이 발생하면 이전보다 쉽게 부러질 수 있어 큰 주의가 필요하다.

수돗물 플루오린 논란

그런데 뼈뿐만 아니라 치아에서도 수산화 인회석을 찾아볼 수 있다. 치아의 법랑질enamel의 주요 성분이 바로 단단한 수산화 인회석이기 때문이다. 덕분에 우리는 단단한 것도 쉽게 씹고 뜯고 맛보고 즐길 수 있었다. 그런데 양치를 게을리하거나 제대로 된 관리에 실패하는 경우, 입안에 서식하는 뮤탄스균Streptococcus mutans이 젖산lactic acid을 내놓으면서 수산화 인회석을 녹인다. 그 결과 단단한 수산화 인회석에 둘러싸여 있던 치아 내부가 드러나고 생각보다 비위생적인 입안에서 서서히 썩어 들어간다. 고통스러운 충치蟲齒의 시작이다.

이런 상황을 미연에 방지하기 위해 일상적으로 마시는 수돗물에 플루오린 이온(F⁻)을 일정 농도 첨가하는 정책이 시행된 적도 있었다. 물을 마시는 동안 F⁻이 입안에 들어와 수산화 인회석의 OH⁻을 치환함으로써 치아의 일부를 플루오린화 인회석fluorapatite으로 교체하는 반응을 의도적으로 유도한 것인데, 플루오린화 인회석이 수산화 인회석보다 더 단단하고 부식에 강하기 때문에 결과적으로는 충치를 예방하는 효과를 낳는다. 2020년 현재 전 세계적으로 3억 8000만 명 정도의 사람들이 플루오린화 처리된 수돗물을 일상적으로 마시며, 미국은 단계적으로 플루오린화 비율을 높이는 방안을 추진 중이다. 이러한 흐름과는 반대로 우리나라는 논란 끝에 2019년을 끝으로 수돗물 플루오린화 사업을 중단하였다.[6] 플루오린이 유해한 물질이라는 인식이 팽배해져 사람들이 수돗물에 플루오린화 소듐(NaF)을 첨가하는 것을 기피했기 때문이다.

039

알파아밀레이스

음식이 처음 만나는 소화 효소

녹말 분해의 중요성

우리는 매일 같이 일정량 이상의 녹말을 식사 중에 섭취한다.[34] 녹말은 그 자체로는 흡수되기 어려운 불용성의 고분자이므로 체내에서 단분자인 포도당으로 완전히 분해된 뒤에야 비로소 흡수되는데, 이때 녹말을 쪼개는 소화효소가 아밀레이스amylase 다. 아밀레이스는 녹말의 알파글리코사이드 결합을 끊어 엿당과 덱스트린dextrin 을 만드는데, 엿당은 포도당 분자 둘이 결합한 이당류이고, 덱스트린은 포도당 분자 셋 이상이 결합되어 있으나 녹말처럼 긴 다당류는 아닌 일종의 올리고당oligosaccharide 을 두루뭉술하게 일컫는 말이다. 그러니까 아밀레이스는 긴 녹말 사슬을 일단 짧은 조각으로 끊어놓는 작업을 진행한다.

아밀레이스는 침샘에서 생산되는 침과 췌장에서 분비하는 소화액에 포함되어 있다. 장에서 최종 소화될 녹말을 입에서 일단 먼저 소화시키려고 했다는 것은 인류가 주요한 에너지 공급원인 녹말의 섭취에 그만큼 민감하게 반응했다는 의미다. 한편 아밀레이스에 의해 일단 먼저 분해된 엿당과 덱스트린은 소장에서 분비되는 말테이스maltase 에 의해 단당류인 포도당으로 완전히 쪼개진 뒤 소장 벽에 흡수된다.

아밀레이스의 발견사

침 속에 녹말을 분해하는 물질이 있다는 사실은 1831년 독일의 기자이자 작가 에르하르트 로이흐스에 의해 언급된 바 있으나, 그 역할을하는 효소의 분리는 2년 뒤 프랑스 화학자 앙셀름 파옌과 장프랑수아페르소가 해냈다. 그들은 엿기름에서 에탄올(C_2H_5OH)로 추출한 특정성분이 녹말을 빠르게 분해하는 것을 사실을 깨달았고, 최초로 발견된 이 녹말 분해 효소에 '분리'를 뜻하는 고전 그리스어 '디아스타시스 διάστασις'를 차용하여 다이아스테이스diastase 라는 이름을 붙여주었다.

그런데 그 이후로 펩신pepsin, 라이페이스lipase 등 각종 소화 및 분해에 관여하는 효소가 여럿 발견되자 녹말을 분해하는 효소에 다이아스테이스라는 넓은 의미의 이름을 계속 쓰는 것은 더 이상 적절하지 않았다. 그래서 녹말을 분해한다는 의미로 한정하고자, 녹말을 의미하는고전 그리스어 '아밀론ἄμυλον'에 다이아스테이스의 마지막 세 글자인'-ase'를 접미사처럼 사용해서 아밀레이스라는 새로운 이름이 탄생했다.[*] 훗날 밝혀진 바에 따르면 녹말을 분해하는 아밀레이스는 화학구조에 따라 알파(α), 베타(β), 감마(γ) 총 3종이 존재하는데 우리 몸에서녹말을 분해하는 아밀레이스는 알파아밀레이스α-amylase 에 해당한다.

---

[*] 과거에는 독일식 발음을 따라 소화효소의 이름 접미사 '-ase'는 '-아제'로 읽었고, 아밀레이스도 한동안 아밀라아제라고 불렸다.

040

인슐린 $C_{257}H_{383}N_{65}O_{77}S_6$

혈당을 제어하는 호르몬

과도한 혈당을 낮춰라

혈액 내 포도당 농도를 일정 수준으로 제어하는 것은 무척 중요하다. 그래서 인체는 혈당을 제어하기 위한 갖가지 도구를 마련해 놓았는데, 그중 핵심적인 역할을 하는 것은 췌장의 베타세포에서 분비하는 인슐린insulin 이라는 호르몬이다. 이 호르몬은 세포막에 존재하는 인슐린 수용체receptor 에 붙어 세포막 다른 쪽에 존재하는 포도당 수송체 transporter 의 문을 활짝 열어젖힌다. 혈액 내 떠다니던 포도당이 열린 문을 통해 세포 안으로 들어가 에너지를 만드는 데 소모되면 혈당은 자연히 떨어진다.

당뇨병으로 고생하는 사람 중에 애초에 췌장에서 인슐린을 제대로 분비하지 못하는 사람들이 있다. 이러한 증상을 제1형 당뇨병이라 하며, 중증의 난치성 질환에 해당한다. 반면, 인슐린이 분비되는데도 기능이 현저히 약화되어 혈당 제어를 제대로 못하는 경우가 생기는데, 이를 제2형 당뇨병이라고 한다. 인슐린이 분비되어도 세포들이 좀체 포도당 수용체 문을 열지 않아 포도당을 받아들이지 않는 현상을 인슐린 저항성이라고 부르는데, 연구에 따르면 인슐린 저항성의 가장 큰 원인은 비만과 더불어 지방이 과도한 식사량이라고 한다.

섬에서 만들어진 호르몬

인슐린을 만들어 내는 베타세포는 췌장 전체에 분포하는 내분비 조직에 존재하는데, 이 조직은 마치 바다 위에 널리 퍼져 있는 섬과 같다. 그래서 이러한 구조를 처음 발견한 독일의 병리학자 파울 랑게르한스 Paul Langerhans 의 이름을 따서 랑게르한스섬이라고 부른다. 한편 췌장에서 혈당을 조절하는 무엇인가가 생성된다는 사실은 다소 섬뜩한 동물 실험을 통해 알게 되었는데, 1889년 독일의 의사 오스카르 민코프스키 Oscar Minkowski 와 요제프 폰 메링 Joseph von Mering 은 췌장을 제거한 개가 당뇨병 증상을 보인다는 것을 확인했다. 훗날 영국의 생리학자 에드워드 샤피셰퍼 Edward Sharpey-Schafer 는 혈당을 조절하는 물질이 랑게르한스섬에서 만들어진다는 결론을 냈고, 섬을 의미하는 라틴어 '인술라 insula'를 차용하여 그 물질에 인슐린이라는 이름을 붙여주었다.

그런데 랑게르한스섬에서 분비하는 호르몬에는 인슐린만 있는 것이 아니다. 예를 들어 알파세포에서는 글루카곤이 분비되는데, 이 호르몬의 역할은 인슐린과는 정반대로 혈당을 높이는 것이다. 일견 모순되어 보이지만, 항상성*을 유지해야 하는 인체에 서로 정반대의 역할을 하는 물질이 함께 존재하는 것은 당연한 이치다. 극단으로 치우치지 않기 위해서는 서로를 효과적으로 견제하고 보완할 수 있는 다른 성격의 존재가 함께 허용되어야 하듯이 말이다. 이미 인체는 고대 그

리스의 철학자 아리스토텔레스Aριστοτέλης 가 《니코마코스 윤리학

Hθικά Nικομάχεια 》에서 강조한 중용中庸 을 알고 있었다.

* 항상성 homeostasis 은 외부 환경이나 체내의 변화에도 불구하고 체온이나 혈당량과 같은 생체의
  내부 환경을 일정하게 유지하려는 성질 또는 현상을 말한다.

041

글리코젠 $(C_6H_{12}O_5)_n$

동물이 생성한 에너지 저장고

인슐린과 글루카곤의 작용

식물이 광합성을 통해 생성한 포도당을 중합하여 녹말로 만들어 저장하듯[34], 동물 역시 혈액 내에 과도하게 돌아다니는 포도당을 여러 개 엮은 고분자의 형태로 전환하여 저장한다. 이를 글리코젠glycogen 이라 부르며, 물에 녹지 않는 형태로 체내에 저장된 글리코젠은 혈당이 필요한 순간 분해되어 포도당으로 쉽게 전환될 수 있다.

포도당을 글리코젠으로 바꾸는 효소를 활성화하는 호르몬은 앞에서 언급한 인슐린이다. 즉, 인슐린은 혈당을 세포 안으로 들여놓는 것뿐만 아니라 글리코젠 합성을 유도함으로써 혈당을 더 효과적으로 낮춘다. 반대의 과정에 관여하는 호르몬은 글루카곤인데, 글루카곤은 간에 저장된 글리코젠을 분해하여 포도당으로 바꾸고, 이를 혈액으로 내보내 혈당을 증가시킨다. 오랫동안 굶어 혈당이 모두 소모될 지경이면 간의 글리코젠이 분해되면서 방출된 포도당 덕분에 배고픔을 달랠 수 있는데, 먹을 것이 변변치 않았던 옛날에는 한번 신나게 먹을 기회가 생겼을 때 간에 글리코젠을 효과적으로 많이 저장해 놓고 훗날 배

고픈 시기에도 오랫동안 가져다 꺼내 쓸 수 있게 하는 것이 생명 유지에 유리했을 것이다. 풍년이 들었을 때 흉년을 대비하여 창고에 알곡을 미리 가득 저장해 놓는 것과 같은 이치다.

과도한 운동과 발효

한편 글리코젠은 근육에도 저장되어 있다. 근육을 움직이는 데에도 엄연히 에너지가 필요한데, 그 에너지를 바깥에서 얻어 오기에는 시간이 너무 많이 걸릴 테니 근육에 글리코젠을 저장해 놓고 필요할 때 알아서 쓰라는 것이다. 평소에 힘든 운동을 많이 하는 경우, 우리 신체는 언제 닥쳐올지 모르는 힘든 운동을 대비하기 위해 미리 많은 양의 혈당을 글리코젠으로 바꿔 근육에 저장해 놓는다. 그래서 운동을 통해 근육을 크게 성장시킨 사람들의 혈당은 대체로 낮다. 특히 온몸 근육의 대부분을 차지하는 허벅지 근육에 저장되는 글리코젠 양이 어마어마한데, 당뇨병을 피하고자 하는 사람들이 운동을 통해 허벅지 근육을 단련시켜야 하는 이유가 여기에 있다.

근육이 움직이게 되면 글리코젠이 분해되면서 피루브산pyruvic acid이 만들어진다. 근육에 산소가 충분히 공급되면 피루브산은 세포 내 미토콘드리아에 의해 연소되어 에너지를 생산하는데, 이를 산소 호흡aerobic respiration이라 한다. 그런데 미처 산소가 공급되기도 전에 급격하거나 과도한 움직임이 필요한 경우, 피루브산은 산소 없이도 젖산으로 바뀌면서 에너지를 생산해 내는데, 이를 무산소 호흡anaerobic respiration이라 한다. 무산소 호흡은 산소 호흡에 비하면 효율이 극도로 떨어지지만, 급한 대로 에너지를 만들어 쓸 수 있으니 생물 입장에서는 그나마 감지덕지다. 단, 과도한 운동으로 인한 근육통으로 고생하는 사람마다 무산소 호흡의 결과인 젖산이 과도하게 쌓인 경우가 많다 보니, 젖산은 근육통과 피로의 주요인이라는 누명을 쓰게 되었다.

이런 무산소 호흡은 술이나 김치가 만들어지기 위한 미생물의 발효에서도 관찰할 수 있다. 곡물로부터 에탄올(C_2H_2OH)을 만들어 내는 효모나, 채소로부터 젖산을 만들어 내는 유산균은 모두 무산소 호흡 과정을 거친 것이다. 무거운 것을 들어 올리는 운동이 무산소 호흡을 통해 우리의 삶을 더욱 건강하게 해준 것처럼, 발효 역시 인류의 삶을 더욱 다채롭게 해주었다는 점에서 긍정적인 것은 매한가지라 할 수 있겠다.

042

트라이글리세라이드

지방의 다른 이름

물과 기름

성격이 너무 달라 서로 친해질 수 없는 사람들을 가리켜 물과 기름 같다고 말하는데, 이는 극성분자인 물(H_2O)과 비극성분자인 기름의 상이한 화학적 성질에 빗댄 표현이다.[20] 기름은 하나의 글리세롤glycerol이 기다란 탄화 수소 사슬인 지방산fatty acid 세 개와 각각 에스터 결합($-COO-$)[65]을 이루고 있는 트라이글리세라이드triglyceride라는 형태를 가진 분자인데, 지방산들이 극성을 띠지 않기 때문에 이들로 구성된 기름 역시 대표적인 비극성분자다.

유유상종이라는 말처럼, 극성분자는 극성분자끼리, 비극성분자는 비극성분자끼리 서로 잘 섞이는 경향이 있다. 반대로 극성분자와 비극성분자를 함께 두면 서로 섞이기보다는 접촉을 최소화하면서 자기들끼리 뭉치려고 하는데 이런 현상을 상 분리phase separation이라고 한다. 물 위에 기름 약간을 떨어뜨렸을 때 둥그런 방울이 둥둥 뜨는 것이 우리가 쉽게 관찰할 수 있는 대표적인 상 분리 현상이다.

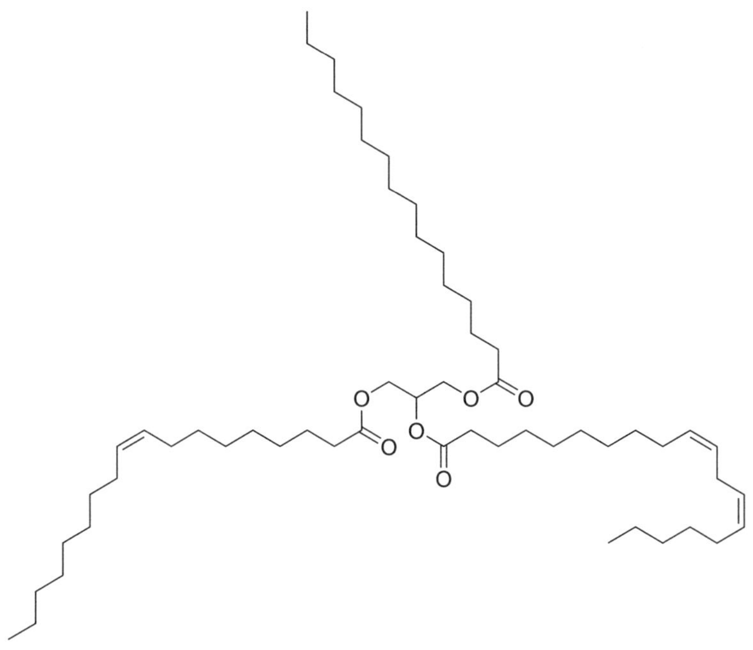

동물성 기름과 식물성 기름

주방에서는 온갖 종류의 기름을 만날 수 있다. 찬장에 보관 중인 참기름, 들기름, 올리브유뿐만 아니라 삼겹살을 굽다 보면 흥건하게 나오는 돼지기름, 갓 구운 빵을 먹을 때에 발라먹는 버터도 있다. 우리는 그저 어느 원료에서 짜내었는지에 따라 기름을 분류할 뿐이지만, 적어도 이 기름들이 다 동일한 분자가 아닐 거라는 막연한 믿음 정도는 가지고 있다. 예상대로 기름의 분자구조는 단 하나로 정의하기 무척 힘들다. 트라이글리세라이드를 구성하는 지방산의 개수가 무궁무진하게 많다 보니 세상에 존재할 수 있는 기름도 부지기수로 많다. 게다가 하나의 원료에서 단일한 화학구조를 가진 트라이글리세라이드만 존재하는 것도 아니다. 다시 말하자면, 우리가 사용하는 그 모든 기름들은 잡다한 트라이글리세라이드의 혼합물인 셈이다.

기름 분자의 특성은 글리세롤에 결합한 지방산들이 화학구조가 결정한다. 만일 이 지방산들이 탄소 간 단일결합으로만 구성된 포화saturated 지방산인 경우, 기름의 녹는점이 대체로 높아 상온에서 고체 혹은 반고체 상태로 존재하는 경향이 있다. 대체로 동물에서 얻은 기름이 이런 특성을 가진다. 한편, 기름을 구성하는 지방산이 탄소 간 이중결합 혹은 삼중결합과 같은 불포화unsaturated 결합을 포함하는 불포화 지방산인 경우, 기름의 녹는점이 낮아져 상온에서 액체 상태로 존재하게 되는데 식물성 기름이 여기에 속한다.• 식물성 기름을 한자로 유油라고 쓰고, 동물성 기름을 지脂 혹은 방肪이라 부르는데, 여기서 기름을 의미하는 유지 및 3대 영양소를 일컫는 지방이라는 단어가 나왔다.

한편 불포화 지방산을 식물에서만 볼 수 있는 것은 아니다. 불포화 결합이 지방산 사슬 맨 끝으로부터 몇 번째 탄소에 존재하느냐를 두고 그리스 문자의 가장 마지막 글자인 오메가(Ω)에 숫자를 붙이는 방식으로 지방산을 분류하는데, 건강기능식품으로 각광받는 오메가-3가 바로 이런 분류에 따른 화학적 명칭이다. 오메가-3는 불포화 지방산이므로 당연히 식물에서 많이 찾아볼 수 있지만 몇몇 종류는 생선에서도 얻을 수 있다. 예를 들면 한때 뇌 기능을 좋게 만들어 준다는 것으로 유명했던 도코사헥사엔산docosahexaenoic acid (DHA)은 오메가-3의 일종으로, 연어나 멸치, 고등어, 청어 같은 생선에 DHA가 풍부하다고 알려져 있다. 물론 DHA만 섭취한다고 똑똑해지는 것은 아니지만 말이다.

- 이중결합과 삼중결합에는 다른 분자가 첨가될 수 있으므로 아직 꽉 차지 않았다는 뜻의 불포화결합이라 부르는 반면 단일결합에는 첨가 반응이 일어날 수 없으므로 꽉 찼다는 의미로 포화결합이라 부른다.

043

티아민 $C_{12}H_{17}N_4OS^+$

생리 작용을 조절하는 비타민

각기병의 해결책

각기병脚氣病은 다리 힘이 약해지고 저린 증상이 계속되는 불편한 증상을 가리키며 염증이 심한 경우 심장에까지 이르러 사망에 이르기도 하는 병이다. 영어로 각기병을 'beriberi'라고 부르는데, 스리랑카 공용어인 싱할라어로 '약하다' 혹은 '할 수 없다'라는 말을 반복해 만든 단어라고 하니 각기병에 걸린 사람들이 얼마나 무기력함을 호소했는지 알 수 있다.

각기병의 원인에 체계적인 관찰을 보고한 사람은 19세기 말 일본 제국 해군에 근무한 의학박사 다카기 가네히로高木兼寬였다. 당시 일본 해군이 앓고 있던 골치 아픈 문제 중 하나는 병사들 사이에서 발생하는 각기병이었는데, 다카기는 다른 음식은 마다하고 흰 쌀만 먹어 허기만 달래는 하급 병사들의 식단이 각기병의 주범임을 알아차렸다. 그는 전함 한 척을 골라 흰 쌀 대신 고기와 생선, 잡곡을 제공하는 일종의 실험을 수행했는데, 이런 서양식이 제공된 배에서는 각기병 환자 수가 눈에 띄게 줄었다. 당시 다카기 박사와 일본 해군은 단백질에 각기병을 예방하는 성분이 있다고 생각했다.

비슷한 발견은 서양에서도 이루어졌다. 네덜란드의 병리학자인 크리스티안 에이크만Christiaan Eijkman은 군량미를 먹이며 키운 실험실 닭들이 각기병에 걸린 것을 알았다. 그런데 군량미 공급이 중단되는 바람에 다른 곳에서 쌀을 받아왔는데, 그날 이후 닭들의 각기병이 사라진 것이었다. 각기병을 멈추게 한 새로운 쌀은 도정이 덜 된 현미였기 때문에, 에이크만은 현미에 각기병의 발현을 저해하는 요소가 있다고 생각했다.

티아민의 발견

그 미지의 요소를 쌀겨에서 처음 분리하여 학계에 보고한 사람은 일본 화학자 스즈키 우메타로鈴木梅太郎였다. 하지만 그의 연구 결과는 1911년 일본 국내 연구 논문집에만 실리는 바람에 서구권에 제대로 알려지지 않았고[7], 오랫동안 이 물질의 최초 발견자는 1912년에 논문을 발표한 폴란드의 생화학자 카지미르 풍크Kazimierz Funk로 알려져 있었다.[8] 풍크는 아민기(—NH2)를 포함한 염기성 유기화합물이 탄수화물이나 단백질, 지방 같은 대표적인 영양소는 아니지만 부족하면 질병을 일으키므로 생명을 유지하는 데 필수적인 영양소라고 판단했다. 그래서 생명을 의미하는 라틴어 '비타*vita*'에 'amine'을 붙여 'vitamine'이
라는 이름을 붙여주었다.

풍크의 보고 이후 vitamine이라고 불릴만한 물질들이 내리 발견되
었고, 당시까지만 해도 발병 원인이 오리무중이었던 야맹증이나 괴혈
병을 해결하는 데 큰 공헌을 했다. 문제는 새로 발견된 비타민들이 풍
크의 생각과는 달리 아민 화합물이 아니었다는 데 있다. 고심 끝에 학
자들은 vitamine에서 마지막 철자 e를 삭제함으로써 비타민*vitamin*의
발견 역사는 보존하면서도 화학적인 오류는 피하는 것으로 합의를 보
았다.

이에 따라 풍크가 보고한 첫 비타민의 이름은 화학구조상 황(S)을
포함하고 있다는 점에서 접두사 'thio-'를 붙여 티아민*thiamine*으로 바
뀌었다. 훗날 발견된 비타민들을 분류하는 과정에서 티아민은 B그룹
에 배정되었고, 가장 이른 시점에 발견되어 인정되었다는 점에서 숫자
1번이 지정되었다. 그래서 티아민의 다른 이름이 비타민 B1이다. 비슷
한 이유로 같은 비타민 B그룹에 속하는 리보플라빈*rivoflavin*에는 비타
민 B2, 나이아신*niacin*에는 비타민 B3이라는 이름이 붙었다.

044

아데노신 삼인산(ATP) $C_{10}H_{16}N_5O_{13}P_3$

에너지 대사의 핵심

작은 에너지 화폐

생명 활동을 위한 에너지는 대개 화학 에너지의 형태로 저장되어 있다. 화학 에너지의 근본은 원자 간 결합인데, 식물이 광합성을 통해 빛 에너지를 받아들여 포도당이라는 분자를 합성하고, 이것을 길게 이어 붙여 녹말을 중합하는 과정이 모두 언젠가 쓰일 에너지를 화학 에너지의 형태로 저장하는 과정이다.[33·34] 이러한 과정을 동화anabolism 작용이라고 한다. 반대로 이러한 분자들이 분해될 때 에너지가 밖으로 방출되고, 이것이 세포의 다양한 활동에 활용될 수 있는데 이를 이화catabolism 작용이라고 한다.

그런데 영양소를 분해할 때 발생하는 에너지 크기는 세포의 활동에 필요한 에너지 크기에 비하면 너무 크다. 이는 마치 거스름돈을 준비하지 않은 슈퍼마켓에서 1,000원짜리 아이스크림을 사려고 하는데 내 손에 5만 원짜리 지폐가 있는 상황과 같다. 5만 원짜리 지폐를 큰 맘 먹고 꺼냈지만 4만 9,000원은 허공으로 날리는 셈이다. 생존이 지상 최대의 과제인 생명체가 이렇게 에너지를 낭비해서는 곤란하다. 그

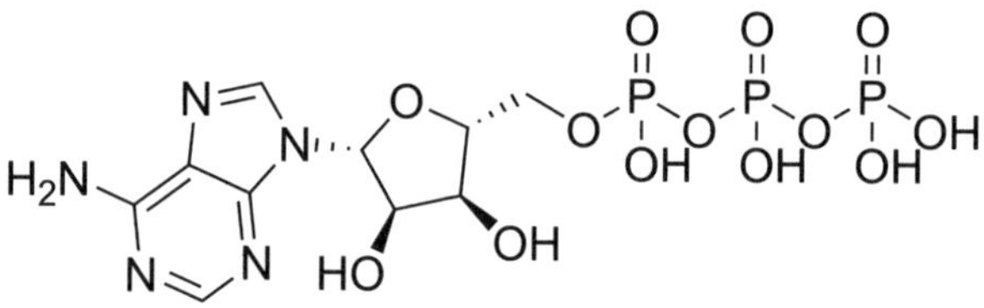

래서 생명체는 잔돈, 달리 말하면 작은 에너지 단위의 화폐를 만들었다. 아데노신adenosine이라는 분자에 인산기($-OPO_3^{2-}$)를 세 개 연달아 결합시켜 만든 아데노신 삼인산adenosine triphosphate (ATP)이다.

인산과 인산 사이

아데노신에 인산이 두 개 결합된 분자를 아데노신 이인산adenosine diphosphate (ADP)이라고 하는데 여기에 인산(P_i)을 결합시켜 ATP를 만들 수 있다.

$$ADP + P_i \rightarrow ATP + H_2O$$

이때 필요한 에너지는 30.5kJ/mol인데, 하나의 포도당 분자가 분해될 때 발생하는 에너지인 2,870kJ/mol에 비하면 한참 작은 것을 알 수 있다. 그래서 우리 몸은 포도당과 같은 영양소를 분해하는 과정에서 나오는 에너지를 재빨리 ATP를 합성하는 데 쓴다. 대개 포도당 분자 하나가 분해될 때마다 32개 정도의 ATP가 만들어지는 것으로 알려져 있다. 이렇게 만들어진 ATP는 세포가 에너지를 필요로 할 때마

다 인산을 끊어내 ADP로 되돌아가며, 이 과정에서 30.5kJ/mol의 에
너지를 방출한다.

$$ATP + H_2O \rightarrow ADP + P_i$$

앞에서 언급했듯이 이 정도의 에너지는 세포가 활용하기에 적절한
수준의 크기이므로, ATP를 활용하면 영양소를 분해하면서 발생하는
막대한 에너지를 낭비 없이 효율적으로 사용할 수 있다. 게다가 ATP와
ADP가 서로 전환되는 과정은 화학적으로 안정하기까지 해서, 반복
적으로 이뤄지는 데에 별다른 문제가 없기 때문에 세포가 효율적으로
활용할 수 있는 잔돈으로서는 그야말로 안성맞춤이었다. 이렇듯 생명
은 에너지 낭비를 줄이면서 알뜰하게 살아갈 수 있도록 진화했다.

045

탄산 H_2CO_3

혈액의 항상성을 유지하는 화학

청량음료의 싸한 맛

콜라나 사이다와 같은 청량음료를 입안에 가득 넣었을 때 거품이 일면서 톡톡 터지는 맛은 생각만 해도 시원하고 짜릿하다. 이런 청량음료를 최초로 만든 사람은 영국 화학자 조지프 프리스틀리Joseph Pristley로, 그는 맥주 양조장 근처에 살았다고 한다. 맥주를 잔에 따랐을 때 나타나는 거품이 유럽 몇몇 지역에서 약수처럼 마시던 천연 탄산수의 거품과 동일하다고 생각했던 프리스틀리는, 맥주에서 나오는 기체를 모아 물에 녹이면 인공 탄산수를 만들 수 있을 것이라고 생각했다.

당시 학자들은 '고정된 공기fixed air'라고 불리던 이 기체가 정확히 어떤 화합물인지 알지는 못하였으나, 적어도 어떻게 만들어 내는지는 알고 있었다. 프리스틀리는 석회석에 황산(H_2SO_4)을 부어 고정된 공기를 만든 뒤, 돼지 방광에 이를 모았다가 물에 녹여 탄산수를 만들어 내는데 성공했다. 현대 화학의 관점에서 보면, 이 과정은 이산화 탄소(CO_2)를 생성하는 과정이다.

$$CaCO_3 + H_2SO_4 \rightarrow CaSO_4 + H_2O + CO_2$$

프리스틀리는 이렇게 만든 탄산수가 의학적 효능을 발휘할 수 있기를 바랐지만, 탄산수는 약재로서의 가치가 별로 없었다. 훗날 영국의 의학자 존 누스John Nooth 가 돼지 방광 대신 기체를 포집할 수 있는 유리 기구를 발명하여 불쾌한 냄새가 덜 나는 탄산수 개발 장치를 만든 덕분에 유럽에서 탄산수의 인기가 점차 높아졌다.

이산화 탄소의 용해

이산화 탄소는 물에 녹아 아래와 같이 시큼한 맛을 내는 탄산 carbonic acid 을 형성할 수 있다.

$$CO_2 + H_2O \rightleftharpoons H_2CO_3$$

그런데 이 반응은 지구를 덮고 있는 바다에서만 일어나는 현상이 아니라[25] 우리 몸속에서도 일어나고 있다. 세포가 대사 작용을 거치면서 생성한 이산화 탄소는 일종의 노폐물이기 때문에 혈액을 통해 폐로 전달된 뒤 호흡 중에 몸 밖으로 배출되는데, 이 과정에서 이산화 탄소가 혈액에 녹으므로 우리의 혈액은 약간의 탄산 수용액이라고 할 수 있다. 그런데 탄산은 산酸 이라는 글자가 붙은 이름에서 알 수 있듯 물에 녹았을 때 수소 이온을 내놓고 탄산수소 이온(HCO_3^-)을 만들면서 다음과 같이 평형을 이룰 수 있다.

$$H_2CO_3 \rightleftarrows H^+ + HCO_3^-$$

이때 발생한 수소 이온(H^+)의 농도가 진하면 산성 acidic, 묽으면 염기성 basic 이 되는데, 이를 간단하게 나타낼 수 있는 척도가 바로 pH(수소 이온 농도 지수)다. pH가 0에 가까울수록 산성, 14에 가까울수록 염기성이며 7이면 중성 neutral 이라고 한다.

우리 몸이 정상적으로 작동하려면 온몸을 돌면서 양분과 산소(O_2), 이산화 탄소를 운반하는 혈액의 pH가 7.35~7.45에서 유지되어야 하는데, 늘 이 수준이 유지될 수 있는 비결은 다름 아닌 바로 이산화 탄소가 녹으면서 만들어진 탄산과 HCO_3^-이 혈액 내에서 적절하게 평형을 이루고 있기 때문이다. 예를 들어 혈액 내 H^+의 양이 증가하면 평형이 왼쪽으로 이동하여 역반응이 일어나 H^+을 탄산으로 바꾸고, 반대로 H^+의 양이 감소하면 평형이 오른쪽으로 이동하여 정반응이 일어나 탄산이 분해되어 H^+으로 전환된다.* 즉, 탄산이 들어 있는 혈액은 항상성을 보장해 주는 일종의 완충 용액 buffer solution 인 셈이다.

* 이처럼 화학평형 상태에 있는 계 system 에서 특정 물질이 늘거나 줄면, 계는 그 물질을 반대로 줄이거나 늘리는 방향으로 반응을 진행시켜 새로운 평형에 도달한다. 이를 르 샤틀리에의 원리 Le Chatelier's principle 라고 한다.

산과 염기

영단어 'acid'는 시게 만든다는 뜻의 라틴어 '아케레*acere*'에서, 우리말 산역시 '실 산酸'에서 온 말일 정도로 신맛은 산의 고유한 특성이다. 한편 산과 반응하는 쓴맛을 가진 물질이 있으며, 이들을 산과 반응시킨 뒤 끓여 날려버리면 바닥에 염이 남는다는 사실이 알려졌다. 그래서 산과 반응하여 염을 만들 수 있는 기본 물질이라는 뜻에서 염기base 라는 이름이 붙었다.

앙투안 라부아지에는 산이 산소(O)를 포함하고 있어서 산성을 띤다고 믿었다. 하지만 스웨덴 화학자 스반테 아레니우스Svante Arrhenius 는 산이 산성을 띠는 것은 물에 녹았을 때 수소 이온(H^+)을 내놓기 때문이라고 보았다. 한편 염기는 물에 녹았을 때 수산화 이온(OH^-)을 내놓는 물질로 정의했다. 아레니우스의 정의에 따르면, 산이 염기와 만나는 중화반응neutralization 은 H^+과 OH^-이 만나 물(H_2O)을 만드는 과정이다.

그런데 아레니우스의 정의는 수용액에서 일어나는 반응에서만 유효하다는 문제가 있었다. 이에 덴마크 화학자 요하네스 브뢴스테드Johannes Brønsted 와 영국 화학자 토머스 로리Thomas Lowry 는 확장된 산−염기 개념을 제시했는데, 이들은 반응 중에 다른 화학종에 H^+을 주는 물질을 산, H^+을 받는 물질을 염기로 정의했다. 브뢴스테드−로리의 정의는 물이 아닌 용매에서 일어나는 다양한 유기화학 반응을 산−염기의 개념으로 이해하는 유용한 관점을 제공해 주었다.

헤모글로빈

산소와 이산화 탄소의 운반

산소 운반과 화학평형

폐를 통해 외부로부터 공급된 산소(O_2)와 그 산소를 받아 대사 활동을 하는 과정에서 만들어진 이산화 탄소(CO_2)를 운반하는 것은 혈액의 몫이다. 그런데 이산화 탄소의 경우 탄산(H_2CO_3)을 만들면서 혈액에 잘 녹지만[45], 물과 화합하는 반응을 일으키지 않는 O_2는 물에 잘 녹지 않는다. 도대체 어떻게 혈액이 O_2를 운반할 수 있는 것일까?

비밀은 전체 혈액 부피의 40~50%를 차지하는 적혈구赤血球에 있다. 적혈구는 헤모글로빈hemoglobin (Hb)이라는 거대한 분자를 다수 포함하고 있는 원반 형태의 세포인데, 헤모글로빈의 산소 친화력은 굉장히 높아서, O_2 농도가 높은 곳에서 헤모글로빈은 빠르게 4개의 O_2와 결합하여 산화 헤모글로빈oxyhemoglobin ($Hb(O_2)_4$)이 된다.

$$Hb + 4O_2 \rightleftharpoons Hb(O_2)_4$$

이때 폐에 공급된 산소가 혈액으로 확산되어 들어오는 폐정맥에서 위 반응의 정반응(→)이 잘 일어난다. 이제 산화 헤모글로빈이 심장으로부터 뿜어져 나와 산소를 필요로 하는 세포 근처로 이동하는데, 그곳의 O_2농도는 극히 낮기 때문에 위 반응의 역반응(←)이 일어나게 된다. 즉, 산화 헤모글로빈은 O_2를 세포에 내어주고 헤모글로빈으로 돌아가게 된다. 누가 강제로 O_2를 붙여주거나 떼어내는 것도 아니지만, 화학평형에 의해 헤모글로빈은 자연스럽게 주변 환경에 따라 산소를 받아들였다가 내놓는다. 르 샤틀리에의 원리 때문이다.[45]

붉은 피

헤모글로빈의 분자를 살펴보면 네 개의 거대한 구형 단백질 분자들이 헴heme 이라고 하는 고리 모양의 분자와 결합한 형태다. 이 헴 분자의 중앙에 산소와 결합할 수 있는 철 이온(Fe^{2+})이 존재하는데, Fe^{2+}이 붉은 색을 띠기 때문에 적혈구가 가득한 혈액이 붉은 것이다. 그런데 Fe^{2+}이 O_2와 결합한 상태, 즉 산화 헤모글로빈은 보통의 헤모글로빈보다 더 선명한 붉은색을 띤다. 이는 빛과 상호작용하는 Fe^{2+}의 에너지 상태가 달라붙은 O_2의 영향을 받기 때문이다. 그래서 산소 포화도가 굉장히 높아 심장으로부터 세포로 운반되는 피, 즉 동맥혈動脈血 은 선홍색을 띤다.

한편 세포에 O_2를 모두 내어준 헤모글로빈은 세포의 대사 결과 만들어진 CO_2와 일부 결합할 수 있다. 대부분(~70%)의 CO_2는 혈액에 녹은 H_2CO_3의 형태로 운반되지만 일부는(~23%) 이런 결합을 통해 헤모글로빈이 직접 CO_2를 실어 나른다. 이렇게 CO_2와 결합한 헤모글로빈을 카바미노헤모글로빈 carbaminohemoglobin 이라고 하는데, 카바미노헤모글로빈의 색깔은 다소 어둡다. 그래서 산소 포화도가 낮으면서 CO_2를 가지고 세포로부터 심장으로 돌아가는 피, 즉 정맥혈의 색깔은 검붉은 색이다.

동서양을 막론하고 예로부터 병을 치료하는 방법 중 하나로서 사혈瀉血 혹은 방혈防血 요법이 자주 시행되었는데, 이는 상처를 내어 피를 빼는 치료법이었다. 동양에서는 탁해져 뭉친 피를 없애기 위해, 서양에서는 체액의 균형을 맞추기 위해 바늘이나 부항을 통해 환자의 몸에서 피를 뺐는데•, 이때 흘러나오는 피의 색깔이 검붉기 때문에 사람들은 사혈을 통해 몸에 해로운 영향을 주는 요인을 제거한다고 믿었다. 하지만 보통 동맥혈은 근육 깊숙한 곳을 지나고 피부 가까이에는 정맥혈이 지나가기에, 바늘이나 부항을 통해 뽑은 피가 검붉은 것은 어찌 보면 당연하다 할 수 있겠다. 오히려 과도한 사혈 치료의 부작용으로 많은 사람들이 더 위험한 상황에 빠지곤 했다.

• 서양의학에 큰 영향을 준 갈레노스 Galenos 의 4체액설에서 기인한 것으로, 이에 따르면 인간의 몸이 피, 점액, 황담즙, 흑담즙이라는 네 가지 체액으로 이루어져 있으며 이들의 균형이 건강을 결정한다고 보았다.

047

아세틸콜린 $C_7H_{16}NO_2$

시냅스 사이 신호를 전달하는 전령

우리 몸의 전기신호 체계

우리의 사고와 판단을 관장하는 중추는 머리에 들어 있는 뇌다. 뇌와 우리 몸의 각 기관 사이에는 신경이라는 일종의 도로가 깔려 있는데, 뇌는 신경을 통해 흐르는 전기 신호를 통해 각 기관의 움직임과 상태를 제어하고, 반대로 기관들은 외부 자극이나 상태 변화를 뇌로 전달한다. 한편 신경의 기본 단위를 뉴런neuron 이라고 하는데, 세포에서 나뭇가지 모양으로 뻗어 나온 뉴런의 수상돌기는 전기신호를 받아들이는 역할을 하고, 받아들인 신호는 뉴런의 축삭軸索 이라고 하는 긴 섬유를 통해 전달된다.

많은 인구가 모여 사는 서울에서 전국 각 시·군에 연결되는 긴 개별 도로가 하나하나 놓이는 것보다는 대전이나 대구, 광주 같은 비교적 큰 도시를 연결하는 간선 도로를 먼저 건설한 뒤, 거기서부터 뻗어 나가는 짧은 도로를 통해 근처에 있는 도시를 연결하는 것이 건설 비용이나 교통 흐름의 제어 측면에서 훨씬 효율적이다. 뇌에서 우리 몸 각 기관을 잇는 뉴런들도 이와 같이 계층적이고도 촘촘하게 연결된 하나의 거대한 시스템이다. 이때 개별 뉴런들은 직접 연결되어 있지 않지 않고 한 뉴런의 축삭 가장 끝 부분이 다음 뉴런의 수상돌기와 짧은 틈을 두고 가까이 있는데, 이 틈을 시냅스synapse 라고 한다.

시냅스 간 신호 전달과 주름

시냅스의 존재를 도로 체계에 빗대서 표현하자면 일종의 단절된 도로와 같다. 따라서 축삭 말단까지 도착한 전기신호는 다음 뉴런으로 전달되지 못하는데, 이를 해결해 주는 물질이 바로 아세틸콜린acetylcholine 이다. 이름에서 알 수 있듯이 아세틸콜린은 아세틸화acetylation 된 콜린choline 을 의미하는데, 신경에서는 효소를 활용하여 콜린을 아세틸콜린으로 바꾼다.

이렇게 만들어진 아세틸콜린은 축삭 말단에 있다가 전기신호가 도달하면 시냅스 바깥으로 방출된다. 방출된 아세틸콜린은 수상돌기에 있는 수용체를 만나면 다시 분해되어 콜린으로 돌아가게 되는데, 이 과정에서 전기신호가 만들어져 비로소 다음 뉴런에서 정보가 전달될 수 있도록 한다. 즉 고속도로의 나들목과 분기점의 역할을 아세틸콜린이 담당하는 것이다.

엉뚱하게 들리겠지만, 일시적으로 주름을 제거하고 피부를 탄탄하게 만들기 위해 사용하는 보톡스Botox 주사가 아세틸콜린과 관련이 있다. 보톡스 주사는 보톨리누스botulinus 균에서 추출한 독소인데, 이 독소는 축삭 말단에서 아세틸콜린이 분비되는 것을 일시적으로 막는다. 신경 신호가 전달되지 않은 지점의 근육은 아무런 움직임 없이 이완하게 되고, 그 결과 주름이 펴지는 것이다. 그런데 이 과정 자체가 일종의 마비와도 같기에 과도한 양의 사용은 큰 불편을 초래할 수 있다. 시간이 지나 아세틸콜린 분비가 재개되면 주름도 다시 잡히므로 보톡스 주사는 보통 몇 개월 주기를 두고 반복적으로 맞는다.

048

도파민 $C_8H_{11}NO_2$

뇌의 신경 전달 물질

생존 확률을 높이는 보상회로

아세틸콜린 외에도 다음 뉴런으로 신호를 전달하기 위해 축삭 말단에서 시냅스로 분비되는 물질들은 여럿 있는데, 이들을 통틀어 신경전달 물질이라 부른다. 단지 뇌나 기관으로부터 발생한 신경 신호를 전달하기 위해 수동적으로 사용되는 화학물질이라 생각하기 쉽지만, 놀랍게도 개중에는 분비 자체가 사람의 행동을 적극적으로 조절할 수 있는 신경전달 물질들이 있다.

도파민dopamine 이 대표적인 예다. 도파민은 아민기($-NH_2$)를 가진 간단한 분자로, 1910년 영국의 화학자 조지 바거George Barger 와 제임스 이웬스James Ewens 에 의해 최초로 합성되었다. 이때 합성 전구체●로 쓰인 '3,4-dihydroxyphenylalanine'를 줄여서 도파dopa 라고 불렀기 때문에, 이것으로부터 만든 아민 화합물이라고 하여 도파민이라는 이름이 붙었다. 그런데 이 도파민이 신경 신호 전달과 관련된 물질임을 알게 된 것은 그로부터 48년이 훌쩍 지난 1958년의 일이었다.

도파민은 사랑이나 행복과 같은 유쾌한 감정과 관련되어 있는데,

정확히 말하면 이러한 감정을 일종의 보상으로서 누리고자 하는 기대나 행동에 의해 분비되는 것으로 알려져 있다. 즉, 우리가 어떤 일을 행했을 때 즐거움을 누리는 이유는 뇌의 보상회로에서 도파민을 분비하기 때문이다. 통상적으로 도파민의 분비를 유도하는 행동들은 맛있는 음식을 먹는다든지, 편안한 잠을 잔다든지, 상대방과 깊은 사랑을 나눈다든지하는, 대체로 개체의 생존에 이로운 행동들이므로 이러한 행동들을 장려하기 위해 도파민이 존재하는 것이다.

도파민의 유혹

그런데 도파민이 꼭 행동으로만 분비되는 것은 아니다. 태생적으로 신경전달물질은 화학물질이기 때문에, 외부로부터 주입된 화학물질의 자극 또한 도파민과 같은 신경전달물질의 분비를 촉진할 수 있다. 하필이면 그 물질들이 육체적, 정신적 건강에 도움이 되지 않는 술, 담배, 마약이다. 이들 물질들의 공통점은 중독성이라는 것이다.

2020년대 들어 1분 내외의 짧은 영상인 숏폼 콘텐츠에 심취한 젊은이들을 가리켜 도파민에 중독되었다고 표현하는 사례가 부쩍 많아졌다. 실제로 중국 저장대학 연구진의 연구에 따르면, 추천 알고리즘에 뜬 숏폼 영상을 이어 볼 때 도파민 분비와 관련된 보상회로 뇌 영역이 크게 활성화되는 것이 밝혀졌다.[9] 보상회로 영역의 지나친 활성화는 과도한 도파민 분비를 불러오고, 이것은 중독으로 연결되기 십상이다.

그렇다고 해서 도파민 분비가 무조건 부정적인 것은 아니다. 도파민 분비가 적으면 긍정적인 기분이 들지 않는 우울증에 빠지게 되고, 도파민 관련 신경 세포가 파괴되면 파킨슨Parkinson 병이 나타난다. 무엇이든 적당한 것이 최우선이다.

●　　일련의 생화학 반응에서 A에서 B로, B에서 C로 변화할 때, C라는 물질에서 본 A나 B라는 물질을 전구체라고 한다.

세로토닌 $C_{10}H_{12}N_2O$

우울한 이들에게 행복감을

행복 호르몬

세로토닌serotonin 역시 도파민과 같은 신경전달물질이다. 도파민이 중독을 불러일으킬 것만 같은 강렬한 행복감과 연관되어 있다고 표현한다면, 세로토닌은 그보다는 좀 더 부드러운 행복감, 이를테면 소소한 일상이나 정서적 공감에서 비롯되는 긍정적인 감정과 연결되어 있다고 볼 수 있다. 그래서 세로토닌의 부족 역시 우울증과 관계가 깊다.

세로토닌의 부족 문제를 극복하기 위해 세로토닌의 전구체 아미노산인 트립토판tryptophan 을 섭취할 수 있으나, 의외로 운동이 이를 해결해 줄 수 있다. 유산소 운동 중에 지방이 분해되면, 그 분해 산물인 지방산fatty acid 이 혈액에 풍부하게 존재하는 단백질인 알부민albumin 에 달라붙는다. 이 과정에서 원래 알부민에 붙어 있었던 트립토판이 떨어져 나오게 되므로 운동 중에 혈액 내 트립토판 농도가 증가하게 된다. 자연히 뇌로 전달되는 트립토판의 양은 운동 전보다 운동 후에 더 많아지고, 그 결과 뇌에서 세로토닌을 더 많이 만들어 내 행복과 관련된 신경 신호 전달에 기여할 수 있게 되는 것이다. 이렇게 만들어진 세로토닌은 주로 어두운 밤 시간에 멜라토닌melatonin 으로 전환되어 수면에 관여한다. 적절한 운동이 편안한 숙면에 필수적인 이유가 바로 여기에 있다.

뇌와 장은 연결되어 있다

그런데 의외로 몸속 세로토닌의 대부분은 뇌가 아닌 소화기관에서 생성된다. 생성된 세로토닌은 소화기관의 운동을 촉진시켜 섭취한 음식물 덩어리가 위장을 통과하는 데 도움을 준다. 또한 소화효소와 장액의 분비에도 관여하여 장에서 감지한 소화와 관련한 다양한 신호를 뇌까지 전달하는 역할도 한다.[10] 이처럼 세로토닌이 장내 소화에 깊이 관여하다 보니 과민성 대장 증후군과 같은 소화기관 질환을 치료하기 위해 세로토닌의 분비와 관련된 처방이 고려되곤 한다.

뇌에서와 마찬가지로 소화기관에서도 역시 트립토판을 전구체로 해서 세로토닌을 합성한다. 그런데 알려진 바에 따르면 장속에 살고 있는 다양한 미생물들이 트립토판 대사 및 세로토닌 합성에 영향을 준다고 한다. 따라서 장내 미생물의 상태는 세로토닌을 매개로 한 장과 뇌 사이의 소통에 중요한 역할을 하고 있다고 볼 수 있다. 실제로 장내 미생물 생태계가 변하면 뇌가 이를 인지해 식욕과 체온 등을 조절한다는 사실이 밝혀질 정도로 뇌와 장은 생각보다 긴밀하게 서로 영향을 주고받는다.[11]

다만 세로토닌은 분자 크기가 커서 뇌혈관 장벽blood-brain barrier 을 넘어 뇌로 직접 전달되기는 힘들기 때문에 소화기관의 세로토닌 분비 증가가 행복에 기여한다고 말할 수는 없다. 하지만 먹은 것을 잘 소화시키고, 몸을 잘 움직이고, 편안히 자는 것이야말로 행복감을 누리게 하는 큰 요소 아닌가? 이 세 가지 행복 조건에 모두 관여하고 있으니 행복의 신경전달물질이라는 세로토닌의 별명이 과언은 아니다.

베타엔도르핀 $C_{158}H_{251}N_{39}O_{46}S$

인체가 생산하는 궁극의 진통제

하하하하 웃으면 건강해진다?

보통 웃음이 건강에 좋다고들 생각한다. 심지어 정말 웃기지 않더라도 의식적으로 짓는 억지 웃음마저 건강에 유익하다는 연구 결과도 있다.[12] 웃음이 인체에 미치는 긍정적인 효과의 원인으로 다양한 것을 들 수 있지만, 많은 사람들이 공통적으로 지적하는 것은 웃으면 몸 안에서 엔도르핀endorphin 이 나온다는 것이다.

엔도르핀은 우리 몸에서 분비되는 자연 진통제로 뇌의 시상하부와 뇌하수체에서 생성된다. 사실 엔도르핀이라는 이름이 몸 안에서 분비된다는 뜻의 내인성內因性, endogeneous 과 아편의 주성분이자 마약성 진통제로 사용되는 모르핀morphine 의 합성어인 만큼, 쉽게 해석하자면 우리 몸이 만들어 내는 마약성 진통제를 일컫는다. 위험천만한 마약성 진통제를 우리 몸에서 스스로 만들어 낸다는 사실이 이상하게 들릴 수도 있겠지만, 이는 위급한 상황이나 극한의 통증을 이겨내야 하는 상황에 대처하기 위한 최후의 수단이기 때문에 그렇다. 사고를 당했거나 출산 중에 있는 사람이 끔찍한 고통을 이겨낼 수 있는 이유가 바로 엔도르

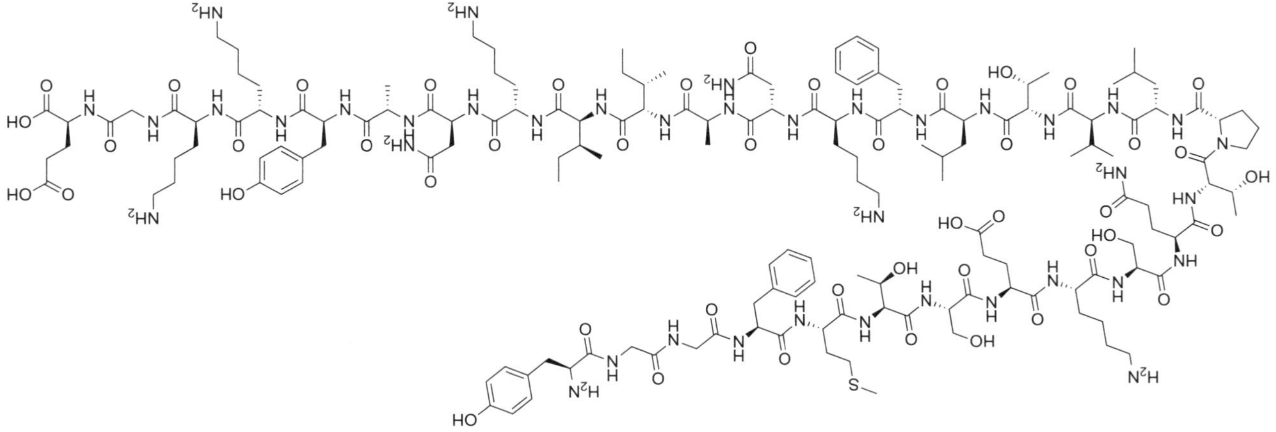

핀 때문이다. 또한 일시적으로 초인적인 힘을 발휘하며 엄청난 운동 성과를 보이는 것 역시 엔도르핀의 대표적인 효과로 알려져 있다.

물론 이런 극단적인 상황이 아니더라도 엔도르핀은 조금씩 분비되고 있고, 꼭 웃는다고 해서 엔도르핀이 특별히 많이 생성된다고 볼 수도 없다. 다만, 웃는 과정에서 다양한 근육들이 움직이며 이완되고, 엔도르핀을 비롯한 다양한 신경전달물질도 함께 분비되는 만큼 웃음이 건강에 이롭다는 사실을 부정할 수는 없을 것으로 보인다.

아편유사제 수용체의 비밀

엔도르핀이 알려진 것은 그리 오래지 않은 1970년대의 일로, 아편의 주성분인 모르핀이 왜 강력한 진통 효과를 발휘하는지 연구하던 과정 중에 발견되었다.[72] 당시 연구자들은 척추동물의 뇌에 모르핀을 비롯한 아편류 물질과 결합할 수 있는 특수한 수용체가 있음을 알게 되었고, 이를 아편유사제 수용체opioid receptor 라고 불렀다. 그런데 왜 모든 사람의 뇌에 아시아의 일부 지역에서나 찾아볼 수 있던 식물인 양귀비에서 유래한 아편에 감응하는 수용체가 존재하는 것일까? 학자들은 우리 몸이 스스로 아편과 비슷한 물질을 만들어 내기 때문이라고 가정하고 그 물질을 중추신경계 속에서 찾아보았다. 그 결과 찾아낸 것이 여러 개의 아미노산이 펩타이드 결합을 통해 연결된 엔도르핀이었다. 엔도르핀은 구성 아미노산의 개수와 순서에 따라 그리스 문자를 앞에 붙여 각각 알파(α), 베타(β), 감마(γ), 시그마(σ) 엔도르핀으로 구분하는데, 이 중 인체에서 가장 많이 생성되는 주된 엔드로핀은 31개의 아미노산이 결합되어 있는 베타엔도르핀β-endorphin 이다.

한편 우리 뇌의 아편유사제 수용체는 크게 세 가지로 나뉘는데, 그리스 문자를 붙여 각각 뮤(μ), 델타(δ), 카파(κ)라고 한다. 이 중 뮤 수용체는 강력한 진통과 관련된 수용체인데, 우리 몸의 베타엔도르핀이 뮤 수용체와 굉장히 강하게 오랫동안 결합할 수 있기 때문에 뇌에서 분비한 천연 진통제가 강력한 효과를 발휘할 수 있는 것이다.

본래 엔도르핀은 굉장히 큰 분자이기 때문에 뇌혈관 장벽을 넘지 못한다. 따라서 외부에서 주입하더라도 뇌로 전달되지 못하기 때문에 진통제 역할을 해낼 수 없다. 하지만 엔도르핀과 비슷하게 아편유사제 수용체를 건드릴 수 있으면서도 혈액에서 뇌로 전달될 수 있는 물질들이 알려졌으니, 이것이 바로 아편유사제이자 곧 우리가 마약麻藥 이라고 부르는 물질들이다.

4부

인류의 발견에서 문명의 발전으로

"자연은 모든 참된 지식의 원천이다."

•

레오나르도 다 빈치
Leonardo da Vinci

우주에서 태어난 원소들은 지구를 형성하였고, 지구를 구성하는 원소들은 다양한 화합물을 만들었으며, 그 화합물들이 한데 모이고 얽히는 와중에 자신의 유전자를 세대에 걸쳐 이어가려는 본능을 가진 생물이 지구상에 등장했다. 그리고 이 책을 쓰고 읽는 생물은 지금까지 지구상에 등장했던 생물 중 가장 지능이 높은 것으로 여겨지는 호모 사피엔스Homo Sapiens, 즉 인간이다. 우주에 존재하는 수많은 천체들이 상호작용하며 질서를 이루는 운행을 이어가듯, 인간을 구성하는 수많은 분자들 역시 상호작용하며 항상성을 유지하는 생명 활동을 이어가고 있다. 그래서 서양에서는 인간이 우주의 축소판이며, 이를 비유적으로 소우주microcosmos 라고 불렀다. 이 장에서는 지구상에 등장한 인류가 자연과 상호작용하며 문명을 발전시키는 과정에서 발견한 역사적인 화합물과 더불어 일찍이 인간이 감각을 통해 경험으로 알게 된 화합물을 소개하고자 한다.

051

청동 Cu/Sn
금속 도구의 등장

청동기, 역사의 산 증인

덴마크의 고고학자 크리스티안 톰센Christian Thomsen 은 전 세계적으로 널리 출토되는 다양한 유물을 연구하다가 인류의 선사 시대를 석기 시대, 청동기 시대, 철기 시대로 나누는 방법을 제안했다. 이 구분법이 전 세계 어디에서나 정확하게 들어맞지는 않았지만, 시대를 대략 구분하기에는 유용했으므로 많은 학자들이 이 방법을 채택하였다. 한반도에도 다양한 지역에서 청동기 시대가 존재했음을 밝혀주는 유물이 출토되었는데, 비파형 단검과 세형 동검, 청동 거울이 대표적이다.

이처럼 인류가 황동석과 산화주석(SnO_2)이 주성분인 석석cassiterite 으로부터 녹는점이 비교적 낮은 구리(Cu)와 주석(Sn)을 각각 제련하여 합금을 만들어 청동bronze 을 제조해 사용했다는 것은 모두가 잘 알고 있는 사실이다.▶15 하지만 여건상 순수한 금속을 제련해 얻기 힘들었던 고대인들의 청동은 지역마다 금속의 비율과 불순물의 함량 또한 각기 달랐다. 그래서 여러 지역에서 출토된 청동기 유물의 금속 비율을 분석 및 비교하는 것은 청동기 문화가 어떻게 전파되었는지, 또 어떤 시대적 변천을 겪었는지 이해하는 데 중요한 실마리를 제공한다. 예를 들어 한반도의 청동기는 아연(Zn)이 일부 포함되어 있으므로 과거에는 청동기 문화가 시베리아에서 유입되었다는 주장이 대세였지만, 보다 정밀한 성분 분석 및 비교를 통해 최근에는 Zn이 사용되지 않은 중국 지역으로부터 청동기 문화가 건너왔다는 주장이 힘을 얻고 있다.

에밀레종의 슬픈 이야기

Cu에 Sn을 섞으면 잘 늘어나고 유연했던 재료가 훨씬 단단해진다. 이처럼 큰 외부 힘을 받더라도 늘어나거나 휘지 않고 잘 버티는 재료를 기계적으로 강도strength와 강성stiffness이 높은 재료라고 하며, 청동이 Cu보다 선호된 이유가 바로 여기에 있다. 아무래도 사용 중 물건의 형태가 쉽게 변형되지 않아 제 기능을 오래 유지할 수 있기 때문이다. 그런데 과유불급이라고 했던가, Sn 함량이 높아지면 변형을 오래 버티지 못하고 깨지는 경향, 즉 취성brittleness이 강해진다. 그래서 훌륭한 청동을 만들겠다고 Sn을 과하게 넣으면 오히려 무르고 쉽게 깨지는 합금만 얻게 된다.

　경주의 성덕대왕신종은 우리나라에 남아 있는 범종 중 가장 큰 것으로 무게가 무려 18.9톤에 이르는데, 이 거대한 범종에는 널리 알려진 설화가 있다. 만들 때마다 금이 가거나 깨지기 일쑤였던 종이 시주된 아기를 넣고 나서야 비로소 아름다운 소리를 내면서도 깨지지 않는 종이 되었다는 에밀레종 설화다. 하지만 1999년 성분 분석 결과 Cu가 80~85%, Sn이 12~15%을 구성하고 납(Pb)과 Zn이 불순물로 포함되어 있으나 사람의 뼈 성분인 인(P)은 검출되지 않았기에 에밀레 종 설화는 거짓인 것으로 판명되었다.

이 설화를 통해 간접적으로 이해할 수 있는 사실은 삼국 시대에 적절한 기계적 물성을 가진 거대한 청동 구조물을 제조하는 것이 당시 기술로는 매우 어려운 일이었다는 것이다. 지금이야 정밀한 합금 비율과 구조 시뮬레이션을 통해 기계적으로 강하면서 파괴되지 않는 금속 제품을 만들 수 있지만 과거의 기술자들에게 이를 실현하는 것은 매우 도전적이었을 것이다. 천 년이 넘는 세월 동안 파괴되지 않은 채 아직까지도 유려한 종소리를 유지하고 있다는 사실만으로도 성덕대왕신종이 국보급 가치를 가지고 있다는 사실을 부정할 사람은 아무도 없을 것이다.

고대 사회 교역과 청동

지각에서 발견되는 주석의 양은 구리에 비하면 매우 적었다. 전 지각에 함유된 구리가 100만 분의 60 정도라면, 주석은 100만 분의 2.3 정도에 불과했다. '광산'은 특정 원소를 포함하는 광석이 집중적으로 묻힌 곳을 의미하는데, 구리 광산에 비해 주석 광산의 수는 더 적을 수밖에 없었다.

따라서 어떤 지역이 청동기 문명을 발전시켰다는 사실은 그 지역에 주석 광산이 있었거나 교역을 통해 주석을 손에 넣을 수 있었음을 의미한다. 고대 사회의 주석 무역에서 소외된 지역은 아무리 구리가 있다 해도 품질 좋은 청동을 널리 활용할 수 없었다. 고대 이집트가 가장 대표적인 예인데, 유럽과는 달리 이집트에서는 청동이 기원전 1550년 이후인 신왕국 시대에 들어서야 보편적으로 쓰였다. 아마도 이 시점에서야 주석이 외부로부터 유입된 덕에 이집트에서 청동을 활발히 만들 수 있었기 때문일 것이다. 재미있게도 그 시기 이집트로부터 탈출한 히브리인들의 역사를 담은 기독교 경전 중 하나인 〈민수기〉를 보면 다음과 같은 구절이 있다.

"모세는 구리로 뱀을 만들어 기둥에 달아놓았다. 뱀에게 물렸어도 그 구리 뱀을 쳐다본 사람은 죽지 않았다."

여기서 말하는 구리는 일반적으로 구리 합금을 의미하는 것으로 알려져 있다. 당시 이집트와 근동 지방에서 청동을 비롯한 구리 합금이 널리 사용되었음을 간접적으로 보여준다.

052

강철 Fe/C
현대 산업의 쌀

제철의 신비

철(Fe)의 녹는점(1,538°C)이 구리(Cu)나 주석(Sn)의 녹는점보다 높기 때문에 진보한 제련 기술이 필요했고, 그래서 철기 시대가 청동기 시대 이후에 오게 되었다. 그런데 철은 지각을 구성하는 8대 원소 중 하나로서, 구리 광석이나 주석 광석에 비하면 철광석은 지구 전 지역에 걸쳐 매우 풍부하게 매장되어 있었다. 그래서 제철 기술이 널리 전파되자 모든 문화권에서는 철이 실용적인 금속 제품의 재료를 남김없이 대체했다. 이것은 철기 시대의 시작으로부터 시간이 한참 흐른 21세기에도 예외가 아닌데, 2019년 자료에 따르면 전 세계에서 한 해 동안 캐낸 광석 약 32억 톤 중 94%에 해당하는 30억 톤 정도가 모두 철광석이라고 한다.[1] 그만큼 현대 제조업에서 철은 필수 불가결인 금속으로, 우리나라의 포항제철소 설립을 주도했던 박태준 회장은 철을 가리켜 '산업의 쌀'이라고 불렀을 정도였다.

지구상의 철광석은 대부분 산화 철(Fe_xO_y) 형태로 존재하기 때문에, 광석으로부터 철을 얻어내려면 산소(O)를 제거하는 환원 과정이 필수였다. 고대로부터 지금까지 애용되는 환원제는 일산화 탄소(CO)인데, 현대에는 코크스와 같은 탄소 소재를 뜨거운 바람을 통해 산화하여 얻을 수 있다. 이렇게 만들어진 CO는 용광로 안에서 철광석과 반응하여 철을 뽑아낸다. 예를 들어, 적철석hematite 의 경우,

$$Fe_2O_3 + 3CO \rightarrow 2Fe + 3CO_2$$

와 같이 CO가 이산화 탄소(CO_2)로 전환되면서 철광석에 있는 산소를 모두 떼어낸다. 그 결과 만들어진 쇳물을 용선溶銑 이라 하며, 이후 모든 제품을 만드는 기본 재료가 된다.

탄소의 마법

그런데 용선에는 철 외에도 다양한 물질들이 섞여 있다. 일단 코크스를 사용했으니 탄소(C)가 많이 들어있음은 두말할 필요가 없으며, 인(P), 황(S) 등 역시 많이 포함되어 있다. 이런 용선으로 만든 철을 선철銑鐵 이라고 하는데, 선철은 무쇠라고도 하는 주철鑄鐵 을 만드는 데 쓸 수는 있으나 너무 깨지기 쉽다. 그래서 용선을 회전하는 고온의 설비에 넣고 공기를 통과시키면서 불순물을 태워버리는데, 이 과정에서 본래 4% 정도 존재하던 C를 0.035~1.7% 정도로 낮출 수 있다. 이렇게 처리된 쇳물을 굳혀 만든 것을 강鋼 혹은 강철鋼鐵, steel 이라고 한다. 강철은 단단하고 충격에 강하며 잘 닳지도 않으므로 산업 현장에서 가장 널리 사용되는 철 제품이다.

옛날 대장장이들도 철광석으로 뽑아낸 철에 탄소를 적절하게 도입하면 뛰어난 물성을 가진 강철이 된다는 것을 알고 있었지만, 이를 정밀하게 제어하여 대량생산을 하는 수준에는 이르지 못했다. 당시 장인들이 할 수 있는 최선의 작업은, 일단 철광석으로부터 갓 얻은 낮은 품질의 철을 달궈진 상태에서 망치로 두드리며 구조를 치밀하게 하고, 어느 정도 순수한 철이 얻어지면 이것을 숯불에 달구면서 C가 달궈진 철 표면으로 서서히 침투하게 하는 것이었다. 적절하게 침투한 C가 철 전체에 고르게 퍼질 수 있도록 달궈진 쇠를 접어가며 망치질을 반복하는 것은 필수적이었다.

이렇게 오랜 시간 고된 환경에서 망치질을 여러 번 반복해야만 높은 품질의 강철을 얻을 수 있었으니, 과거에는 장인의 손길을 거쳐 우여곡절 끝에 탄생한 보검의 전설이 널리 회자되곤 했다. 나관중羅貫中의 역사소설인 《삼국지연의三國志演義》에도 청강검, 의천검과 같은 명검이 등장하는데, 소설 속에서는 하늘 아래 베지 못할 물건이 없다는 찬사를 받는다. 하지만 현대 철강 기술의 발전 덕택에 요즘 백화점에서 살 수 있는 주방용 칼이 고대 명검보다 훨씬 더 뛰어난 실력을 발휘할는지도 모를 일이다.

053

고령토 $Al_2Si_2O_5(OH)_4$

도자기의 핵심 성분

점토의 재발견

'돌과 물'이라는 동요가 있다. 1절의 가사는 '바윗돌 깨뜨려 돌덩이, 돌 덩이 깨뜨려 돌멩이, 돌멩이 깨뜨려 자갈돌, 자갈돌 깨뜨려 모래알'인 데, 이러한 풍화 과정에 주목한 지질학자라면 이 다음에 가사를 계속 붙여 2절을 만들었을는지도 모른다. 모래알은 계속 풍화되어 진흙이 되고, 진흙은 더 잘게 부서져 점토가 되기 때문이다. 점토에 대한 사전 적 정의는 '작은 알갱이로 이루어진 부드럽고 차진 흙'이며, 지구화학 적으로 점토는 직경이 대략 4μm(마이크로미터)●보다 작은 알루미늄 규 산염($Al_2Si_2O_5$) 광물을 의미한다.

이처럼 입자 크기가 작은 광물들은 물이 일정량 포함될 경우 끈끈 해지면서 압력을 가한 대로 모양이 변하는 소성塑性 을 가지므로 '끈 끈할 점粘'을 붙인 점토라 불렸고, 사람들은 이러한 성질을 이용하여 점토 반죽을 다양한 형태로 빚어냈다. 고대 수메르인들은 넓게 펴서 만 든 점토판에 뾰족한 도구로 찍어 눌러쓰는 쐐기 문자를 많이 남겼는데, 이 역시 소성을 가진 점토 반죽의 특성을 활용한 예라 할 수 있겠다.

도자기의 발전

뭐니 뭐니 해도 점토는 그릇을 만드는 재료로서 인류 역사 발전에 큰 역할을 했다. 이미 석기 시대 사람들은 흙 반죽을 구우면 단단한 그릇이 된다는 것을 알았고, 수많은 형태와 무늬 장식을 가진 토기를 만들었다. 시간이 흐르면서 유약glaze 을 바르고 채색 장식을 가미하면서 높은 온도에서 그릇을 굽는 기술이 개발되었고, 그 결과 우리가 도자기라 부르는 예술적 실용품이 탄생하게 되었다.

예로부터 전 세계적으로 각광받는 도자기는 중국에서 생산된 흰 도자기인 백자였는데, 이를 제조하기 위해서는 흰 점토가 필요했다. 마침 중국 장시성의 고령촌高嶺村 에서는 고령토라고 불리는 흰 점토가 있어 좋은 품질의 백자가 많이 생산되었다. 유명세가 어찌나 높았는지 송宋 나라 황제였던 진종眞宗 은 도자기를 생산하는 이 지역을 당시 연호였던 경덕을 붙인 경덕진景德鎭 이라 불렀고, 경덕진의 명성은 송나라의 뒤를 이은 원, 명, 청나라에서도 이어졌다. 한편 청나라 시절, 중국에서 활동하던 예수회 선교사인 프랑수아 당트르콜François d'Entrecolles 은 장시성江西省 의 도자기 생산지를 자세히 탐방한 뒤 편지를 써 도자기 제조와 관련된 내용을 유럽에 전파하는데, 이때 고령토를 'kaolin' 이라 소개하여 그 이름이 지금까지 남게 되었다.

고령토는 고령석kaolinite 이라고 하는 $Al_2Si_2O_5$이 풍부한 흙을 의미하며, 고령석은 점토라고 부를 수 있는 광물 중 가장 대표적인 것이다. 고령토는 의외로 세계 각지에 널리 분포하는데, 화강암으로 주로 구성된 한반도에도 경남 하동군을 비롯하여 고령토 산지가 여럿 존재한다.

이는 화강암을 주로 구성하는 장석feldspar이 분해되면서 고령석이 만들어지기 때문이다. 그리고 중국과 교류하며 삼국 시대부터 발전하던 도자기 기술은 고려와 조선 시대에 이르러 절정에 이르렀고, 독자적인 청자 및 백자 발전의 역사를 지니게 되었다.

도자기 발전 역사에서 가장 뒤처져 있던 일본은 임진왜란 이후 극적인 변화를 맞이하게 된다. 전쟁 이후 일본으로 건너 가게 된 조선 도공이 일본에는 없으리라 생각한 고령토를 발견한 것이었다. 이후 급속도로 발전한 일본의 도자기 산업은 네덜란드와의 교역을 통해 전 세계에 알려지게 되었고, 18세기 서양의 일본 문화 붐을 일으키는 데 일조하게 되었다. 이 모든 것이 고령토가 있어 가능한 일이었다.

• ㎛(=micrometer)는 10^{-6}m를 의미한다.

054

시멘트 CaO·SiO₂

인류가 애용한 건축 재료

석회가 굳는 마법

시멘트cement 는 건축 및 토목 자재들을 이어 붙이거나 그 자체로 단단하게 굳은 형체를 만들 때 쓰이는 재료로서 어떤 단일한 물질을 일컫는 이름이 아니다. 다만 동서고금을 막론하고 시멘트는 대개 석회암으로부터 만들어졌다.[17] 탄산 칼슘($CaCO_3$)이 주성분인 석회암을 가열하면 이산화 탄소(CO_2)가 빠져나가면서 산화 칼슘(CaO)으로 구성된 생석회quicklime 가 만들어진다.

$$CaCO_3 \rightarrow CaO + CO_2$$

한편 생석회를 물에 개면 수산화 칼슘$Ca(OH)_2$ 이 주성분인 소석회slaked lime 가 만들어진다.

$$CaO + H_2O \rightarrow Ca(OH)_2$$

소석회는 공기 중의 CO_2와 다시 결합한 뒤 건조되면 석회로 되돌아간다.

$$Ca(OH)_2 + CO_2 \rightarrow CaCO_3 + H_2O$$

그래서 벽에 소석회를 발라놓고 일정 시간이 지나면 자연스럽게 석회가 얇게 덮인 흰 회벽이 만들어지는데, 이 방식은 과거 전통 벽칠에 쓰이기도 했다. 또한 소석회가 완전히 굳기 전에 그 위에 그림을 그리면 얼마 뒤 물감이 회벽에 단단히 고정된 프레스코fresco 벽화가 탄생한다. 프레스코는 이탈리아어로 '신선하다'라는 뜻인데, 석회가 굳기 전에 빠르게 그림을 그려야 한다고 해서 이런 이름이 붙었다.

그런데 소석회가 굳어 만들어진 석회는 충격에 매우 약해서 쉽게 깨지거나 금이 간다. 흥미롭게도 기원전 800년경 페니키아 사람들은 생석회와 화산재를 섞은 뒤 물에 개어 굳히면 굉장히 단단해지는 것을 알게 되었는데, 이것이 바로 물에 의해 경화硬化 되는 규산 칼슘 화합물, 즉 수경성水硬性 시멘트의 발견이었다. 게다가 로마 사람들은 시멘트에 잘 부순 돌조각을 적절히 섞으면 더 뛰어난 건축 재료가 되는 것을 알게 되었고, 이를 적극적으로 활용하여 거대한 건축물들을 세웠는데, 이것이 바로 콘크리트concrete 의 시작이었다. 로마에 있는 콜로세움Colosseum , 판테온Pantheon 과 같은 기념비적인 건물들이 모두 시멘트의 발전에서 비롯된 산물이다.

시멘트 공업의 빛과 그림자

현재 전 세계적으로 널리 사용되는 포틀랜드 시멘트Portalnd cement 는
대개 생석회에 이산화 규소(SiO_2), 산화 알루미늄(Al_2O_3), 산화 철(Fe_2O_3)
등을 잘게 분쇄한 뒤 섞어 고온에서 구워 만든다. 이렇게 만들어진 수경
성 시멘트는 곱게 분쇄된 뒤 포장되어 전 세계 건축 및 토목 공사 현장
에 보급된다. 최초의 포틀랜드 시멘트는 영국의 조지프 애스프딘Joseph
Aspdin 에 의해 개발되었는데, 당시 영국에 있는 포틀랜드섬에서 산출
되던 석회석과 색깔이 비슷하다고 해서 이런 이름이 붙었다고 한다.

시멘트의 수요는 날로 증가하고 있다. 2022년 전 세계에서 생산한
포틀랜드 시멘트의 양은 무려 41.7억 톤인데, 시멘트의 생산량 증가
추세는 골재와 철강, 알루미늄(Al)과 같은 다른 자재들의 생산량 증가
속도를 아득히 초월했다.[2] 세계 경제 발전과 인구 증가는 건축과 토목
공사에 필요한 시멘트의 수요를 키운다. 그런데 시멘트를 만들기 위해
서는 생석회를 만들어야 하기 때문에, 필연적으로 석회암을 가열하는
과정에서 CO_2가 발생할 수밖에 없다. 시멘트 1톤을 생산할 때 CO_2
역시 0.8~1톤 정도가 발생하는데, 이는 전 세계 CO_2 배출의 7~8%를
차지한다.[3] 탄소배출을 줄여 기후 위기를 극복해야 한다는 목소리가
커지는 요즘, 넘쳐나는 수요에도 불구하고 시멘트 공업 관계자들의 고
민은 깊어질 수밖에 없다.

055

석탄 C

고대 식물이 남긴 선물

지구를 호령한 양치식물

지금으로부터 3억 5000만 년 전부터 2억 8000만 년 전까지, 지구에는 거대한 양치식물 숲이 있었다. 무성하게 자란 식물들이 광합성을 하면서 막대한 양의 산소(O_2)를 내뿜은 결과, 대기 중 O_2 비율은 30%를 가뿐히 넘겼다. 현재 지구 대기의 O_2 비율이 21% 수준인 것을 고려하면 엄청나게 높은 수치다. 그런데 대기 중의 이산화 탄소(CO_2)를 흡수하는 광합성의 특성상 O_2 농도의 증가는 CO_2 농도의 감소를 야기했고, 이로 인해 온실효과가 사라지면서 지구 표면의 온도는 날이 갈수록 낮아졌다.▶[25] 결국 짧지만 강력한 빙하기가 도래하여 양치식물들은 일거에 모두 쓰러지고 말았다.

식물들의 사체 위로 지층이 쌓였고, 지층이 가한 거대한 압력과 열은 양치식물들을 암석으로 바꾸어 놓았다. 시간이 지나면서 식물을 구성하는 원소 중 산소(O)와 수소(H)가 지속적으로 빠져나가 탄소(C)의 함량이 높아졌는데, 이 과정을 탄화carbonization 라고 하며, 그 결과 만들어진 검은색의 물질을 석탄石炭, coal 이라고 부른다. 지질학자들은 땅

속에서 어마어마한 양의 석탄이 포함된 지층을 발견한 뒤, 양치식물이 번성했던 그 시기를 가리켜 석탄기라고 불렀다.

매캐한 산업혁명을 이끈 석탄

석탄은 C 함량이 높아 불을 오랫동안 피우기에 유리한 연료였다. 하지만 아무래도 어느 곳에서나 쉽게 구할 수 있던 나무에 비하자면, 석탄은 땅을 파 채굴하는 고생을 요구했기에 소비량이 그리 많지는 않았다. 그러다가 삼림 자원이 줄어들고 석탄의 공급이 활발해지면서 석탄의 소비량은 점차 증가했다. 특히 영국에서 시작된 산업혁명이 극적인 변화를 일으켰는데, 제임스 와트James Watt 가 개량한 증기 기관이 보급되면서 연료로서 석탄 수요는 폭발적으로 증가했다.

석탄은 탄화된 정도가 높아질수록 물질 내 C 비율이 높아지는데, 그 비율이 90% 이상인 무연탄無煙炭 은 연소 시 연기를 많이 내지 않기 때문에 그런 이름이 붙었다. 반대로 C 비율이 90% 이하인 유연탄有煙炭 은 탈 때 연기를 자욱하게 내는데, 이때 발생하는 연기는 온갖 휘발성 탄화 수소류다. 문제는 산업혁명으로 석탄 수요가 높았던 유럽에서 주로 생산한 석탄이 대부분 유연탄이었다는 것이다. 석탄을 태우면서 발생한 매캐한 냄새와 각종 물질들은 공기를 심각하게 오염시켰다. 예를 들어 영국의 맨체스터Manchester 와 같은 도시는 석탄에서 발생하는 그을음에 뒤덮이기 일쑤였다. 도시가 거무튀튀하게 변하자 본래 다수였던 흰색 나방의 개체수가 줄고 검은색 나방이 늘어나는 현상이 벌어지기도 했다.●

21세기인 지금도 여전히 발전소에서는 전기 생산을 위한 연료로서 석탄을 많이 사용하고 있다. 아무리 연소 기술이 발전하고 오염 물질 배출을 줄일 수 있는 방안이 고안되었다고는 하지만, 석탄을 이용하는 화력발전소는 온갖 미세먼지 및 오염 물질 배출의 진원지로 악명이 높다. 석탄기 시절 지구를 호령했던 양치식물의 유산을 좀 더 효과적이고노 친환경석으로 쓸 수 있는 방안의 개발이 절실하다.

●　　참고로 이 현상은 찰스 다윈 Charles Darwin 의 자연선택설을 뒷받침해 주는 예로 널리 알려져 있다.

056

메테인 CH₄

액화천연가스의 주성분

가장 간단한 탄화 수소

석탄이 고생대 육상 식물들이 남겨놓은 유산이라면, 석유石油, petroleum 는 해양 생물들이 남겨놓은 유산이라고 할 수 있다. 바닷속에서 번성하던 플랑크톤과 해조류의 사체는 해저에 켜켜이 쌓이고, 그 위를 덮은 지층의 압력과 열에 의해 탄화 수소로 변한다. 이렇듯 석탄과 석유는 모두 생물의 사체가 변성되어 형성된 물질이므로 통칭 화석연료 fossil fuel 라고 한다. 다만 석탄은 분자량이 매우 높은 탄소 위주의 물질 집합이므로 상온에서 고체로 존재하고, 석유는 그보다는 낮은 분자량의 탄화 수소류 집합이므로 상온에서 액체로 존재한다. 그런데 생물의 사체로부터 발생한 탄화 수소 중 분자량이 더 낮은 물질들은 상온에서 기체로 존재할 수 있고, 이런 물질들은 따로 천연가스natural gas 라고 분류한다.

'탄소(C)와 수소(H)로 이뤄진 유기화합물'이라는 탄화 수소의 정의와, 4개의 H 원자와 공유결합을 이룰 수 있는 C 원자의 특성을 고려하면, 세상에서 가장 간단한 탄화 수소 분자는 메테인 methane (CH₄)이

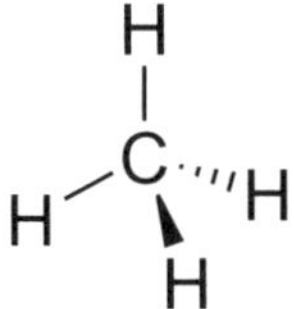

다. 메테인의 분자량은 16 정도로 매우 낮아 끓는점 또한 상당히 낮다 (-161.55℃). 지구에서 발견되는 천연가스의 대부분은 메테인이다. 정사면체를 그린 뒤 정중앙에 C 원자를, 네 개의 꼭짓점에 H 원자를 하나씩 두면 메테인 분자의 구조를 정확히 묘사할 수 있다.

제갈량이 주목한 불타는 공기

중국 쓰촨성四川省은 후한 왕조 멸망 후 열린 삼국 시대의 세 나라 중 촉蜀의 근거지였다. 촉은 경쟁자인 위魏와 오吳에 비하면 국토와 인구 규모가 작았기에 강력한 경제력으로 난관을 극복하고자 했는데, 대표적인 수단이 소금이었다. 산세가 험한 내륙 분지인 쓰촨성에서 무슨 소금이 날까 싶지만, 암염 지대인 쓰촨성에서는 소금물이 나오는 곳이 많았다.[21] 쓰촨성 사람들은 퍼 올린 소금물을 솥에서 끓이고 정제하여 귀한 소금을 얻었는데, 문제는 이 과정에 필요한 연료의 양이 막대하다는 것이었다.

놀랍게도 쓰촨성에서는 오래전부터 천연가스가 연료로 사용되었다. 쓰촨성 사람들은 종종 예기치 못한 폭발 사고를 겪거나 맹렬한 불길이 땅에서 치솟는 것을 보고 불의 신인 축융祝融을 상상하곤 했는데, 사실 이것은 지표 가까이 매장된 메테인이 분출되면서 발생하는 현상이었다. 전하는 말에 따르면, 촉나라의 재상이었던 제갈량諸葛亮은 이렇게 메테인이 분출되는 불의 우물, 즉 화정火井에 대나무를 연결하여 메테인을 화력이 필요한 곳으로 보냈다고 한다. 이것은 현대 러시아가 자국에서 생산한 천연가스를 매설된 가스관을 통해 유럽으로 보내는 방식과 크게 다를 바 없다.

하지만 비용 문제로 천연가스 생산지로부터 사용 장소까지 일일이 모두 관으로 연결할 수는 없는 노릇이다. 그렇다고 메테인을 큰 부피의 용기에 담아서 보내거나 저장하자니, 메테인은 부피만 클 뿐 정작 양이 별로 되지 않아 경제적이지 못한 것은 매한가지다.● 그래서 현대 천연가스 산업에서는 메테인을 끓는점 아래로 냉각시켜 액체로 만든 뒤 높은 압력을 견디는 용기에 담아 수송 및 저장에 활용하는데, 이것이 바로 액화된 천연가스liquified natural gas, 즉 LNG다.

●　1mol의 기체 분자는 상온(25℃), 상압(1기압)에서 종류에 상관없이 22.414L의 부피를 가진다. 그러니 분자량이 작은 기체일수록 단위 부피당 질량이 작아지게 되는 것이다.

057

헨트라이아콘테인 $C_{31}H_{64}$

파라핀 왁스의 정체

메테인의 확장

메테인(CH_4)의 화학구조에서 수소(H) 하나를 빼 버리고 대신 탄소(C) 원자를 결합시키면, C 주변에 3개의 H를 추가로 결합시킬 수 있는데, 이렇게 해서 만들어진 분자가 에테인ethane (C_2H_6)이다. C_2H_6에서 H 하나를 빼고 C 원자를 결합시킨 뒤, 주변에 3개의 H를 또 결합시키면 이번에는 프로페인propane (C_3H_8)이다. 같은 작업을 반복하면 탄소 수가 4인 뷰테인butane (C_4H_{10})이 만들어지고, 이런 과정을 27번 더 반복하면 탄소 수가 31인 헨트라이아콘테인hentriacontane ($C_{31}H_{64}$)을 얻을 수 있다.

위 분자들에는 중요한 화학적 공통점이 있는데, 탄화 수소를 구성하는 C 원자 사이 결합이 모두 단일결합(C–C)이라는 점이다. C–C로만 구성된 탄화 수소를 알케인alkane 이라고 하는데, 결합의 특성상 탄소 수가 n인 알케인 탄화 수소의 화학식은 C_nH_{2n+2}가 된다. 특히 탄소 수가 높은 알케인은 파라핀paraffin 이라고 하는데, '친화력이 낮다'는 뜻의 라틴어 '파라피눔*paraffinum*'에서 유래했다. 파라핀은 물과 잘 섞이지 않고 다른 분자와도 별 반응을 일으키지 않기 때문이다.

어둠을 밝히는 빛

알케인의 탄소 수가 높아지면 분자량이 커지는데, 큰 분자 사이의 상호작용은 작은 분자 사이보다 더 크다 보니 따로 떼어놓으려면 더 높은 열에너지가 필요하다. 그래서 알케인은 탄소 수가 높아질수록 끓는점과 녹는점도 높아진다. 예를 들면 메테인의 끓는점이 -161.55°C인데 반해, 헨트라이아콘테인의 끓는점은 무려 458°C이다. 탄소 수가 알케인류의 화학적 성질을 결정짓는 주요한 요소라는 사실을 알 수 있다. 그래서 석유를 끓는점에 따라 분별 증류할 때, 메테인은 끓는점이 낮아 가장 먼저 끓어 나오지만 헨트라이아콘테인은 끓는점이 높아 가장 늦게까지 바닥에 남아있다. 심지어 헨트라이아콘테인의 녹는점은 68°C 정도이며, 상온에서는 덜 딱딱한 왁스와 같은 고체 상태를 유지한다.

헨트라이아콘테인의 대표적인 사용처는 양초다. 탄소 수가 많아 단위 질량당 연소 시 방출하는 열량이 많은 편인지라 급히 쓰는 고체 연료로는 안성맞춤이었다. 게다가 헨트라이아콘테인 같은 파라핀 왁스 분자들은 가열했다가 굳히면서 일정한 원통 형태를 가진 양초를 대량 생산하기 쉬웠다. 굳이 귀한 밀랍蜜蠟 같은 재료로 비싸게 양초를 만들 필요가 없었던 것이다.

어떤 사람들은 시판되는 양초의 주재료가 헨트라이아콘테인처럼 석유에서 유래한 물질이라서 연소할 때 그을음을 비롯한 각종 발암물질을 발생시키므로, 천연물에서 유래한 왁스로 제조한 양초를 사용해야 한다고 주장하기도 한다. 하지만 헨트라이아콘테인이 완전 연소하는 경우, 발생하는 생성물은 이론상 오직 이산화 탄소(CO_2)와 물(H_2O)뿐이다.

$$C_{31}H_{64} + 47O_2 \rightarrow 31CO_2 + 32H_2O$$

중요한 건 양초를 구성하는 분자의 생김새가 아니라, 양초를 적절한 환경에서 안정적으로 완전 연소를 시킬 수 있느냐다. 굳이 걱정이 된다면 비싼 양초를 사기보다는 심지를 자르는 가위를 사서 양초의 불완전 연소를 줄이는 것이 더 현명한 소비가 될 것이다.

아세틸렌 C_2H_2

고온 용접 불꽃의 원료

불포화 결합을 가진 탄화 수소

모든 탄소(C) 원자 사이 공유 결합이 전자를 한 쌍 공유하는 단일결합 (C—C)으로만 구성된 알케인 alkane 과는 달리, 어떤 탄화 수소들은 두 쌍이나 세 쌍의 전자를 공유하는 이중결합(C=C)이나 삼중결합(C≡C)을 포함하고 있기도 하다. 이때 이중결합을 포함하는 탄화 수소를 알켄 alkene , 삼중결합을 포함하는 탄화 수소를 알카인 alkyne 이라 부른다. 그리고 알켄과 알카인은 모두 대표적인 불포화 탄화 수소에 해당한다.[42]

세상의 모든 불포화 탄화 수소는 불포화 결합으로 연결된 두 개의 C 원자를 포함하고 있다. 한편 원래 최대 4개의 원자와 공유결합을 이룰 수 있는 C 원자가 삼중결합에 참여하느라 세 개의 전자를 모두 써버리면, 오직 1개의 다른 원자와만 새로운 공유결합을 이룰 수 있다. 그러니 삼중결합으로 이어진 2개의 C 원자에 남은 1개의 공유 결합 짝의 자리를 수소(H) 원자로 채우면 세상에서 가장 간단한 알카인 분자를 만들 수 있는데, 바로 에타인 ethyne 이다(HC≡CH). 하지만 이 이름은 국제순수·응용화학연합 IUPAC가 정한 공식 명칭일 뿐, 대부분의 화학자들과 일반인들은 이 분자를 아세틸렌acetylene 이라 부른다.

옛 포장마차의 기억

이 분자를 최초로 발견한 사람은 영국의 화학자 에드먼드 데이비
Edmund Davy 였다. 그는 탄산 포타슘(K_2CO_3)를 고온 가열하다가 우연히
탄화 포타슘(K_2C_2)이 만들어진 것을 발견했고, 이것을 물(H_2O)과 반응
시켰더니 아세틸렌 기체가 만들어지는 것을 확인했다.

$$K_2C_2 + 2H_2O \longrightarrow 2KOH + C_2H_2$$

이 발견은 우연에 가까운데, K_2C_2은 굉장히 불안정해서 보통의 실험
실 조건에서는 안정한 다른 형태의 염으로 빠르게 전환되기 때문이다.
그래서 좀 더 편하게 아세틸렌을 얻기 위해 사람들은 조금 더 쉽게 얻을
수 있으면서도 안정성을 갖춘 탄화 칼슘(CaC_2)를 원료로 사용했다.

$$CaC_2 + 2H_2O \longrightarrow Ca(OH)_2 + C_2H_2$$

아세틸렌은 불이 잘 붙는다. 그런데 작은 아세틸렌 분자에 포함된
삼중결합은 매우 강한 공유결합이기 때문에, 연소된 아세틸렌이 이산
화 탄소(CO_2)와 H_2O로 변환되면서 내놓는 빛과 열 에너지는 같은 질
량의 다른 연료를 태울 때보다 훨씬 크다. 그래서 도로가에 전깃불을
끌어오기 어려웠던 1970년대, 포장마차에서는 간이 조명등으로 탄화

칼슘이 들어있는 통에 물을 부어 발생하는 아세틸렌을 태웠다. 사람들은 이를 카바이드 등carbide lamp 이라고 불렀다.

한편 일정하게 주입되는 아세틸렌과 산소 기체(O_2)가 서로 반응하면 3,000°C를 넘는 고온의 맹렬한 불꽃이 만들어지는데, 이는 금속 가공을 위한 높은 온도가 필요한 용접 및 절단 작업자들에게 매우 유용하다. 아세틸렌이 품고 있던 높은 에너지의 삼중결합 덕분에 우리가 일상에서 온갖 형태의 다양한 금속 성형 제품을 사용할 수 있게 된 것이다.

059

벤젠 C_6H_6

케쿨레의 꿈

우로보로스와 미지의 화학구조

1825년 영국의 화학자 마이클 패러데이 Michael Faraday 에 의해 최초로 발견된 벤젠 benzene 의 정확한 화학구조는 당시 화학자들 사이에서 벌어진 핵심 논란 주제 중 하나였다. 발견 직후 진행된 여러 분석 결과, 벤젠 분자를 구성하는 탄소(C) 원자의 개수와 수소(H) 원자의 개수가 6개라는 것이 확인되었다. 이를 근거로 해서 학자마자 독창적인 벤젠 구조 모형을 제시했는데, 예를 들어 독일의 화학자 알베르트 라덴부르크 Albert Ladenburg 는 삼각기둥의 여섯 꼭짓점에 서로 연결된 C 원자가 존재하고, 각 C 원자마다 H 원자가 하나씩 붙어 있는 대단히 입체적인 구조를 제안하기도 했다. 그러나 벤젠이 탄소 간 불포화 결합을 포함하고 있는 분자라는 사실이 밝혀지면서 3차원 알케인 alkane 의 형태를 가진 라덴부르크의 모형은 폐기되었다.

지금 우리가 아는 벤젠의 구조와 가장 흡사한 모형을 제안한 사람은 독일의 화학자 아우구스트 케쿨레 August Kekulé 였다. 케쿨레는 분자를 구성하는 원자들의 배치, 그리고 결합이 이루는 기하학적 구조가

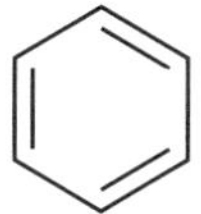

분자의 화학적 성질을 결정한다고 보았던 사람이었다. 벤젠의 구조를 알아내기 위해 열심히 머리를 굴리던 어느 날, 낮잠에 빠진 케쿨레는 꿈에서 자신의 꼬리를 문 채 빙빙 도는 뱀을 보았다. 그것은 옛 신화에 등장하는 우로보로스οὐροβόρος 였다. 꿈에서 깨어난 그는 벤젠의 여섯 C가 육각형 모양으로 배치되어 있되 탄소 간 단일결합(C—C)과 이중결합(C=C)이 서로 교대로 존재하는 모형을 그려냈다. 우연한 영감이 실체적 진실을 밝히는 데 도움을 준 대표적인 사례였다.

방향족 탄화 수소

단일결합과 이중결합이 교대로 배치된 것을 공액계라고 하는데,[31·32] 벤젠은 고리 형태로 이루어진 공액계 중 가장 간단하면서도 대표적인 분자다. 벤젠의 각 꼭지점에서 다른 기능기가 붙어 가면서 무수한 탄화 수소가 만들어질 수 있는데, 예를 들어 벤젠에 메틸methyl 기($-CH_3$)가 붙으면 톨루엔toluene 이, 바이닐vinyl 기($-CH=CH_2$)가 붙으면 스타이렌styrene 이 된다.

이렇게 고리형 공액계를 포함하고 있는 탄화 수소를 방향족aromatic 탄화 수소라고 부른다. 이름이 뜻하는 바 그대로 향기가 나는 탄화 수소라는 뜻인데, 꼭 여기서 얘기하는 향기가 맡기에 좋은 향이라는 뜻

은 아니다. 그런데 사실 고리형 공액계를 가지고 있어야만 향기가 나
는 것도 아니라서 이들을 꼭 방향족이라고 불러야 할 필요는 없지만,
오랫동안 사람들이 그렇게 불러왔기에 편의상 화학구조에 벤젠고리
가 포함된 탄화 수소 분자들을 방향족 탄화 수소라고 부른다.•

•　한편 벤젠고리를 가지고 있지 않은 사슬형 탄화 수소는 지방족 aliphatic 탄화 수소라고 부른다.
지방 분자는 긴 사슬형 알킬기를 가지고 있기 때문이다.

060

질산 포타슘 KNO₃

전쟁의 필수품

중세 시대를 끝장낸 화포

갑옷으로 무장한 채 말을 타며 전장을 누비는 기사가 활약한 중세 시대 유럽은 지금보다 훨씬 불결하고 고된 시대였지만, 여전히 현대 문화 산업에 거대한 영향력을 행사하고 있다.《반지의 제왕The Lord of the Rings》과 같은 판타지 소설은 물론, 〈왕좌의 게임A Game of Thrones〉과 같은 드라마나 각종 온라인 게임의 배경이나 캐릭터 설정에서도 이 시기의 느낌이 빈번히 차용되곤 한다. 그런데 역사학자들은 이 감수성 넘치는 기사의 시대를 끝장낸 요인 중 하나로 화포의 사용을 들고 있다. 겨드랑이에 긴 창을 끼고 적진을 향해 돌진하던 기사의 비장함이 멀리서 화포가 쏜 포탄에 맞아 산산조각나기 일쑤였기 때문이다.

화포의 발전은 본래 중국에서 이뤄졌다. 중국의 4대 발명품 중에 화포의 운용에 가장 중요한 화약火藥이 포함되어 있다. 성벽을 깨부술 정도의 무거운 물건을 날려 보내기 위해서는 추진력을 보태는 폭발이 필수적이었고, 송宋 나라 시절부터는 이러한 폭발을 야기하는 화약이 널리 제조되어 사용되었다. 사실 화약은 본래 무기가 아니라 불로장생을 위한 약藥으로 만들어졌으나, 오히려 남의 생명을 끝장내는 데 크게 일조하는 전쟁을 위한 도구로 전용되었다. 화약이 약으로 불리는 아이러니가 여기에서 비롯되었다.

질산 포타슘을 찾기 위한 집념

이 화약의 주성분 중 하나가 바로 초석, 혹은 염초라고도 불린 질산 포타슘potassium nitrate (KNO₃)이었다. 질산 포타슘을 탄소(C)가 주성분인 숯가루와 황(S)과 함께 섞어 만든 검은 화약은 불을 붙였을 때 굉장한 양의 질소 기체를 급속도로 발생시키고, 이 폭발은 포탄을 강력한 힘으로 밀어낼 수 있다. 그런데 주변에서 쉽게 구하거나 수입할 수 있었던 숯가루와 황과는 달리, 질산 포타슘은 구하기 힘든 재료였다.

동서고금을 막론하고 사람들은 대체로 흙에서 질산 포타슘을 얻었다. 부패하는 동물의 사체나 대소변이 섞인 흙에는 질산 이온(NO₃⁻)이 풍부했고, 이를 수산화 포타슘(KOH)이 주성분인 잿물과 반응시킨 뒤 불순물을 제거하면서 끓이면 무색투명한 질산 포타슘 결정을 얻을 수 있었다. 만성적인 화약 부족 문제를 겪었던 조선왕조도 예외는 아니라서 정부에서는 염초가 있을 만한 흙을 샅샅이 파헤쳤는데 권세가의 집이나 공자孔子를 모신 사당, 심지어 궁궐에서까지 흙을 채취했다고 전한다.

그러다가 남아메리카 지역에 새똥이 쌓여 만들어진 구아노guano가 발견되면서 질산 포타슘 생산은 일대 변화를 맞이하게 된다. 구아노는 다양한 인산염과 질산염이 혼합된 광물질이었으므로, 흙보다는 훨씬 쉽게 구아노로부터 질산 포타슘을 얻을 수 있었다. 유럽인들은 앞다투어 구아노를 채취하여 화약 및 비료 제조에 사용하고자 했고, 이로 인해 발생한 막대한 이권을 둘러싸고 19세기 말 남아메리카의 칠레, 페루, 볼리비아는 전쟁까지 벌이게 되었다.•

하지만 현재는 흙과 돌을 캐내면서까지 힘들게 질산 포타슘을 얻지 않는다. 프리츠 하버 Fritz Haber 에 의해 공기 중의 질소를 고정하여 암모니아(NH_3)를 생산하는 공정이 알려진 이후,▶75 질산에 암모니아를 첨가하여 얻은 질산 암모늄(NH_4NO_3)에 KOH을 가함으로써 질산 포타슘을 생산할 수 있게 된 것이다.

$$NH_4NO_3 + KOH \rightarrow NH_3 + KNO_3 + H_2O$$

하지만 위 반응은 실험실에서나 쓰이는 반응이고, 산업적 대량생산에 쓰이는 대표적인 반응은 질산 소듐($NaNO_3$)에 염화 포타슘(KCl)을 반응시키는 것이다. 염끼리 짝을 서로 바꾸는 소위 복분해 double displacement 반응을 통해 생성된 질산 포타슘은 용해도 차이 때문에 더 이상 녹지 못한 결정으로 석출된다.

$$NaNO_3 + KCl \rightarrow NaCl + KNO_3$$

• 1879년부터 1883년까지 벌어진 이 전쟁을 통상 태평양 전쟁 War of the Pacific 이라고 부르는데, 전쟁의 원인을 빗대 초석 전쟁 Saltpeter War 이라고도 부른다.

061

수크로스 $C_{12}H_{22}O_{11}$

달콤한 유혹

단맛의 정체

체내 소화효소는 탄수화물을 분해하여 세포의 에너지원인 포도당으로 바꾸지만 이 소화 과정은 긴 시간을 필요로 한다. 그래서 단당류인 포도당을 섭취하면 복잡한 소화 과정 없이 바로 에너지를 공급할 수 있는데, 예를 들어 우리가 아플 때 맞는 포도당 수액은 혈관에 직접 포도당을 공급하여 에너지 부족 및 탈수 문제를 해결하는 데 도움을 준다. 이런 이유로 많은 동물들은 포도당의 존재를 쉽게 인식하는 것도 모자라 탐닉하도록 진화했는데, 그것은 다름 아닌 포도당의 맛을 달게 느끼는 것이었다. 단맛을 싫어하는 동물이 어디에 있나? 단맛의 본능을 따르는 동물은 자연히 많은 에너지원을 섭취하기 마련이었고, 그 결과 굶어 죽지 않고 오래 살 수 있었다.

그런데 포도당보다 더 단 맛을 내는 존재가 있었으니, 바로 포도당과 또 다른 단당류인 과당fructose 이 글리코사이드 결합[27] 으로 연결된 수크로스sucrose 다. 수크로스는 두 개의 단당류가 결합한 형태이니 이당류disaccharide 로 분류되는데, 다름 아닌 설탕의 주성분이다.

흰 눈과 같은 사탕

수크로스는 우리말로 자당이라 부르는데, 자蔗 는 사탕수수를 의미한다. 조선왕조실록 세종 11년(1429년) 기사에서 일본에 통신사로 다녀온 이생李生 은 사탕수수가 맛이 달고 좋아서 생으로 먹어도 사람의 배고 픔과 갈증을 해소하게 되고 삶으면 사탕沙糖 이 된다고 하여, 이를 채취하여 조선에서도 재배하자고 제안한다. 물론 기후의 문제로 사탕수수는 한반도는 물론 제주도에서조차 제대로 자라지 못했기에, 사탕수수에서 얻는 사탕은 전부 외국에서 수입해야 했다.

사탕수수나 사탕무에서 얻은 즙을 가열하고 정제하면 갈색을 띠는 흑설탕을 얻을 수 있고, 여기서 당밀을 제거하면 하얀 결정을 이루는 설탕을 생산할 수 있다. 이것이 모래처럼 생겼으면서도 엿처럼 단맛을 낸다 하여 '모래 사沙'를 붙인 사탕으로 불렸으나, 흰 눈과 같다는 인식 덕분에 '눈 설雪'을 붙인 설탕이라고도 불리게 되었다. 현대 한국어에서는 수크로스가 주성분인 감미료는 설탕이고, 설탕이나 엿과 같은 단 재료들을 녹였다가 굳혀 만든 과자를 사탕이라고 부른다.

최근 전 세계는 설탕과 전쟁을 치르는 중이다. 의식적으로 설탕 가루를 입에 털어 넣지 않더라도 우리가 밖에서 먹는 음식에는 생각보다 많은 양의 설탕이 들어 있다. 과도한 설탕 섭취는 비만과 당뇨병의 원인이고, 이는 국가 보건 체계 유지 및 국민 건강 증진에 큰 문제가 된다. 그래서 몇몇 국가에서는 설탕이 포함된 제품에 세금을 부과하여 설탕 섭취 감소를 유도하고 있다. 한편, 많은 식품업자들은 무설탕을 표방하면서도 단맛을 놓치지 않기 위해 다양한 대체당을 개발하여 사용하고 있다.[68·76] 달콤한 유혹을 뿌리치는 것이 이렇게나 힘들다.

062

아세트산 $C_2H_4O_2$

입안에 침이 고이게 하는 맛

카복실산의 탄생

식초vinegar 는 아마 술을 빚던 사람들이 우연히 발견했을 것으로 추측된다. 술의 주성분인 에탄올(C_2H_5OH)은 수산화기(—OH)를 가지고 있는데, —OH는 산화하면서 카복실기(—COOH)로 전환된다. 즉, 공기 중에 오래 노출된 에탄올은 —COOH를 가진 아세트산acetic acid (CH_3COOH)으로 산화되어 식초를 형성한다. 그래서 아세트산이라는 이름도 본래 식초의 라틴어 이름인 '아케툼acetum'에서 왔다.

이렇게 산화된 아세트산은 물(H_2O)에 녹아 수소 이온(H^+)을 내놓으므로 산acid 이라고 볼 수 있는데, —COOH를 가진 산을 특별히 카복실산carboxylic acid 이라 부른다.

$$CH_3COOH + H_2O \rightleftharpoons CH_3COO^- + H_3O^+$$

한편 아세트산이 내놓은 H^+이 H_2O과 결합하면 위의 반응식처럼 하이드로늄 이온hydronium ion (H_3O^+)이 되는데, 이것이 혀에 닿으면 대뇌는 신맛을 느낀다. 레몬에 있는 구연산citric acid 과 김치에서 찾아볼 수 있는 젖산lactic acid 역시 아세트산과 같은 카복실산이므로 물에 녹아 H_3O^+을 내놓기 때문에 신맛이 나는 것이다. 거꾸로 얘기하자면, 신맛이 나는 물질은 대개 산성 물질이다.

만능 식초

식초는 신맛을 내는 조미료로 쓰이지만, 그 외의 용도로도 널리 쓰인다. 특히 살균과 세척을 위해 식초가 많이 쓰이는데, 산성을 띤 아세트산이 세균 번식을 억제하기 때문이다. 최근 연구에 따르면 상추와 같은 잎채소에 대장암을 유발하는 박테리아가 많으며, 식초 탄 물에 1분 정도 담갔다 꺼내어 헹구는 것만으로도 박테리아를 효과적으로 제거할 수 있다고 한다.[4] 또한 불쾌한 냄새를 제거하는 데에도 식초는 탁월한 효과를 보이는데, 이불이나 옷을 세탁하거나 헹구기 전 식초를 활용하면 좋다고 한다. 특히 생선과 같은 해산물 비린내를 없애는 데 유용한데, 산성인 아세트산이 냄새의 원인인 염기성 트라이메틸아민trimethylamine 을 중화시켜 없애기 때문이다.

식초는 역사의 흐름을 바꾼 중요한 순간의 주인공이기도 했다. 고대 로마의 유력한 정치가였던 마르쿠스 안토니우스Marcus Antonius 를 맞이한 이집트의 마지막 파라오 클레오파트라 7세Cleopatra VII 는, 안토니우스의 마음을 움직이기 위해 거금을 들인 성대한 잔치를 연다. 하지만 별다른 특이점을 발견하지 못한 안토니우스가 시큰둥한 반응을 보이자, 클레오파트라는 시종에게 술잔에 식초를 담아오게 한 뒤 거대한 자신의 진주 귀고리를 술잔에 넣은 뒤 마셔버렸다고 전한다. 진주의 주성분이 탄산 칼슘($CaCO_3$)이므로 아래와 같은 화학반응이 일어났을 것이다.

$$CaCO_3 + 2CH_3COOH \rightarrow (CH_3COO)_2Ca + H_2O + CO_2$$

식초에 담긴 진주는 시간이 지나면서 아세트산염이 되어 녹은 것이다. 물론 식초가 그렇게나 강한 산은 아닌 만큼 이 반응으로 진주 귀고리가 전부 녹으려면 꽤나 많은 시간이 필요했을 것이다. 결국 안토니우스를 매혹시킨 것은 진주의 가격이나, 식초가 일으킨 화학반응이 아니라 클레오파트라의 대범함이었을 것이다. 그래서일까? 프랑스의 철학자인 블레즈 파스칼Blaise Pascal 은 이런 말을 남겼다.

"그녀의 코가 좀 더 낮았더라면 지상의 모습은 죄다 달라졌을 것이다."

063

캡사이신 $C_{18}H_{27}NO_3$

혀가 얼얼해지는 화끈한 맛

고추 먹고 맴맴

한반도에 고추가 전래된 것은 임진왜란 전후이며, 18세기 이후부터 한국인들의 음식에 널리 사용된 것으로 보인다. 무엇보다도 김치에 고 춧가루가 더해지면서 고추는 우리 식문화의 중요 재료로 자리매김하 였다. 그리고 그 덕분에 고추의 매운맛은 한국 음식을 대표하는 맛이 되었다.

고추는 원래 매워서 괴로운 산초나무 열매라는 뜻의 고초苦椒가 변 해서 된 단어다. 고추가 매운 이유는 과육과 씨에 존재하는 캡사이신 capsaicin 이라는 분자 때문인데, 캡사이신은 벤젠고리를 포함하는 방향 족 화합물이며, 질소(N)를 포함하는 알칼로이드alkaloid 의 일종이다. 잘 익은 고추가 붉은색을 띠기 때문에 캡사이신 분자가 붉은색일 것 같 지만, 고추의 붉은색은 과육 내에 존재하는 카로틴 계열의 분자 때문 일 뿐,[31] 의외로 캡사이신이 형성하는 고체 결정은 무색투명하다.

매운맛의 고통에서 탈출하기

이 캡사이신 분자는 혀에 있는 TRPV1이라는 수용체를 자극하는데, 본래 이 수용체는 온도가 높을 때 열리고 닫히는 일종의 이온 통로다. 그러다 보니 캡사이신 분자에 의해 TRPV1이 반응하면 우리 뇌는 이를 뜨거운 고통으로 인식한다. 고추를 먹었을 때 강한 열감에 땀이 나고, 시원한 물을 찾는 데에는 다 이런 이유가 있는 것이다. 하지만 찬물을 들이켠다고 해서 매운맛이 주는 근본적인 고통이 사라지지 않는 경험을 다들 해봤을 것이다. 자극은 열이 아닌 캡사이신 때문이고, 캡사이신은 물(H_2O)에 녹지 않는 비극성분자이기 때문에 찬물은 좋은 해결책이 아니다.

그래서 혀에 남아 있는 캡사이신을 씻어내기 위해 비극성을 띠는 분자를 혀에 도입하는 것이 바람직하다. 예를 들면, 식용유나 올리브유 같은 걸 입안에 넣고 혀로 문지르면 캡사이신이 녹아날 수 있다. 기름을 입에 넣기 부담스럽다면 우유도 써 볼 만하다. 기름을 바르고 소금으로 짭조름하게 간을 한 조미김을 혀 위에 올려놓고 매운맛이 가라앉기를 기다릴 수도 있겠다.

이렇듯 고통을 주는 캡사이신이지만, 뇌에서는 캡사이신으로 인한 뜨거운 고통을 잠시나마 잊게 하려는 방편으로 엔도르핀을 분비한다.[50] 인체가 생산하는 궁극의 진통제인 엔도르핀 효과를 맛본 사람들은 그 황홀한 쾌감을 잊지 못해 매운맛을 다시 열렬히 찾게 된다. 이런 과정이 반복되면 캡사이신 수용체는 무뎌지고, 동일한 쾌감을 느끼기 위해 매운맛의 정도는 점점 올라간다. 몇몇 업체에서 파는 극한 매운맛의 라면이나 떡볶이가 다 이런 수요를 겨냥해 만들어진 제품이다. 하지만 소화되지 못한 캡사이신이 위와 장에서 일으키는 문제로 고생하는 사람도 적지 않다. 무엇이든 지나치면 화가 되는 법이니, 각자의 TRPV1 수용체 민감도 다양성을 이해하고 존중해 주는 것이 좋겠다.

064

글루탐산 소듐(MSG) $C_5H_8NO_4Na$

해조류에서 얻어낸 감칠맛의 정체

다섯 번째 맛의 발견

한동안 사람이 느낄 수 있는 기본 맛은 단맛, 짠맛, 신맛, 그리고 쓴맛으로 알려져 있었다.• 그러다가 제5의 맛이 국물을 우려낼 때 쓰는 다시마를 연구하던 일본의 화학자 이케다 기쿠나에池田菊苗에 의해 발견되는데, 이것이 일본어로 '우마미うま味'라 불리는 감칠맛이다. 그 어느 나라 사람보다 다양한 해산물을 즐겨 먹는 일본인이 감칠맛을 해조류로부터 찾아낸 것은 어찌 보면 필연에 가까웠다.

1908년에 이케다는 몇 차례의 실험 결과 다시마로부터 갈색을 띤 유기화합물 결정을 얻어내는 데 성공했고, 이것은 아미노산의 한 종류인 글루탐산glutamic acid에 소듐 이온(Na⁺)이 결합한 화합물, 즉 글루탐산 소듐sodium glutamate이었다. 그런데 분자당 Na^+이 하나 있다는 것을 강조하기 위해 접두사로 'mono-'가 붙어 모노 글루탐산 소듐monosodium glutamate이라는 이름이 널리 쓰였고, 이는 줄임말인 MSG로 더 많이 알려졌다. 이 MSG가 감칠맛을 느끼게 하는 분자였다.

냉면과 MSG

MSG를 발견한 이케다는 즉시 대량생산 공정을 개발하였고, MSG 생산 회사인 아지노모도味の素를 설립했다. 일제강점기 시절 한반도에서도 아지노모도가 개발한 MSG는 감칠맛을 내는 환상의 재료로 각광받았다. 특히 가장 큰 위력을 발휘한 분야가 냉면이었다. 본래 냉면은 한반도 북부 지역에서 먹던 음식으로, 쇠고기를 넣고 끓여 얻은 육수를 차갑게 한 뒤 메밀면을 말아먹는 형태였다. 조선 시대 말에 이르러 냉면 문화는 남쪽으로 점차 확산되었고, 기록에 따르면 이미 19세기 초부터 서울에서는 냉면을 배달시켜 먹을 정도였다.[5]

그런데 일정한 감칠맛을 내는 쇠고기 육수와 동치미 국물을 대량으로 준비하는 일은 예나 지금이나 어려운 일이다. 그래서 일제강점기 시절 서울에서 냉면을 팔던 업자들은 차가운 물에 아지노모도의 MSG를 적당량 풀어 녹인 뒤 각종 양념을 첨가해서 그럴 듯한 맛의 냉면 육수를 개발했다. 언제나 기존 냉면 육수와 흡사한 맛을 가진 국물을 대량으로 일정하게 만들 수 있으니 식당들마다 이 비법을 마다할 이유가 없었고, MSG가 들어간 냉면은 그야말로 날개 돋친 듯 팔려 나갔다. 그래서 혹자는 대부분의 한국 사람들이 기억하는 냉면의 맛은 과거 고기를 끓여 얻은 육수의 맛이 아닌, 20세기 초 일본에서 건너온 MSG의 맛이었을 것이라고 추측하기도 한다.

그렇다고 해서 MSG가 불량하거나 건강에 나쁜 분자인 것은 아니다. MSG는 해조류와 고기에 엄연히 존재하는 천연 조미료다. 단지 화학 공업의 발달을 통해 MSG는 대량생산될 수 있었고, 이는 맛있는 국물을 우려내기 위해 해조류와 각종 고기를 넣고 오랫동안 끓여야 했던 요리사들의 수고를 덜어주었다. 그러니 MSG가 공장에서 만들어진 조미료라고 해서 기피하거나 건강에 나쁠 것이라는 억울한 누명을 씌워서는 안 될 노릇이다. 다만 MSG를 과도하게 쓰면서 저질 식재료의 맛을 감추려는 사람들을 비난하는 것은 마땅하다.

●　　매운맛도 맛이 아니냐고 반문할 수 있겠지만, 매운맛은 고통, 즉 통각痛覺 과 관련된 감각이라서 엄밀한 의미에서 혀가 느끼는 맛으로는 분류되지 않는다.

065

아세트산 아이소아밀 $C_7H_{14}O_2$

과일의 향기

바나나향의 정체

맛을 느끼는 데 코가 중요하다는 사실은 이제 상식이다. 맛은 침에 용해된 분자가 혀의 미세포를 자극함으로써 촉발되는 대뇌의 감각이지만, 음식 섭취 중 휘발된 작은 분자들이 코의 후세포를 자극하는 것 역시 맛을 구체적으로 확정하는 데 큰 역할을 한다. 특히 개와 같은 동물들의 후각은 인간의 후각보다 훨씬 뛰어난데, 개의 후각 세포는 2억 2000만 개로 인간보다 50배나 많다.[6] 공항 같은 장소에서 숨겨진 물건이나 사람을 찾기 위해 코를 킁킁대는 개를 데려오는 것은 이 때문이다.

코의 후세포를 자극하는 분자들은 무척 많지만, 가장 대표적인 분자는 카복실산($R-COOH$)과 알코올($R'-OH$)이 결합하여 만든 에스터 ester ($R-COO-R'$)다. 에스터 중에는 과일 향을 내는 분자들이 많이 있는데, 예를 들어 아세트산(CH_3COOH)과 아이소아밀 알코올($C_5H_{11}OH$)이 결합하여 만든 아세트산 아이소아밀 isoamyl acetate 은 바나나 향을 내는 분자로 알려져 있다. 설탕을 적당히 섞은 달콤한 우유에 바나나 향을 내는 아세트산 아이소아밀을 가하면 완벽한 바나나 맛을 내는 우유가 된다.

에스터화 반응 vs. 가수분해

에스터를 만드는 화학반응은 좀 더 자세히 살펴볼 필요가 있다. 카복실산과 알코올이 결합하면 물 분자(H_2O)가 빠져나오면서 공유결합을 형성하는데, 이와 같이 반응하는 도중 작은 분자가 부산물로 빠져나오는 반응을 축합condensation 반응이라 부른다. 그리고 카복실산과 알코올의 축합 반응의 결과 형성된 **—COO—** 결합을 에스터 결합이라고 부른다. 예를 들어 식초의 주성분인 **CH₃COOH**와 술의 원료인 에탄올(**C₂H₅OH**)을 섞고 촉매 역할을 하는 황산(H_2SO_4)을 넣은 뒤 가열하면 달콤한 향기를 내는 에스터 화합물인 아세트산 에틸ethyl acetate(**CH₃COOC₂H₅**)이 합성된다.

$$CH_3COOH + C_2H_5OH \rightleftharpoons CH_3COOC_2H_5 + H_2O$$

이런 형태의 에스터 화합물 합성법을 발견자의 이름을 따라 피셔 에스터화Fischer esterification 반응이라고 부른다.

그런데 위의 에스터화 반응 화살표는 양쪽 모두를 향한다. 즉, 이 반응은 가역적인 평형 반응이다. 그래서 에스터 분자에 H_2O를 가하고 가열하면 반대로 에스터 결합이 깨지면서 카복실산과 알코올로 돌아가는 역반응이 일어나는데, 이를 가수분해hydrolysis 라고 부른다.● 이렇게 평형이 지배하는 경우, 에스터 화합물을 효과적으로 합성하려면 이를 거스르는 가수분해가 일어나지 않도록 해야 한다. 이를 위해 에스터 합성 시 부산물로 나오는 H_2O를 되도록이면 효과적으로 제거해

주거나, 미리 카복실산에서 H_2O를 뽑아낸 무수물anhydride을 활용하는
것이 필요하다.

●   물을 첨가해 분해시키는 것이므로 한자로 '더할 기加'에 '물 수水'를 붙여서 가수분해라고 하는
것이다.

066

푸트레신 $C_4H_{12}N_2$

부패의 악취

악취를 풍기는 아민

해산물에서 나는 비린내의 원인은 질소를 포함하고 있는 유기화합물의 일종인 아민amine 이다.[62] 아민은 질소(N)를 중심 원자로 해서 수소 원자(H)나 알킬기(−R)가 3개 결합해 있는 형태(NR_3)다. 모든 위치에 H가 결합해 있다면 이는 암모니아(NH_3)가 되는데, 우리는 모두 NH_3가 지독한 지린내를 내는 분자라는 것을 잘 알고 있다. 이처럼 아민 화합물은 우리에게 대체로 불쾌한 냄새를 풍기는데, 아마도 실생활에서 접하는 아민 화합물이 대부분 동물성 단백질이 부패한 결과이거나 소화되고 내보낸 배설물의 주요성분이기에 접촉해 봐야 건강 유지에 좋을 것이 없는 이들 물질을 자연스럽게 기피하도록 인류가 진화했기 때문일 것이다.

한편 한 분자에 아민이 2개 존재할 수도 있는데, 이러한 분자들을 다이아민diamine 이라고 부른다. 아민 화합물의 냄새만큼이나 다이아민의 냄새도 지독하기 그지없는데, 그중 탄소 수가 4개인 푸트레신 putrescine 이라고 하는 범상치 않은 이름을 가진 다이아민 분자가 있다.

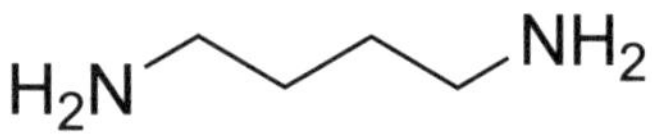

$$H_2N \diagup\diagdown\diagup NH_2$$

푸트레신은 '썩다'에 해당하는 라틴어 '푸트레스고*putresco*'에서 온 단어이다. 이 분자는 시체가 부패할 때 나는 냄새의 주원인이다.

죽음의 화학적 신호

푸트레신과 비슷한 다이아민으로 탄소 수가 5개인 분자를 카다베린*cadaverine*이라고 하는데, 이 역시 동물성 시체가 부패할 때 나는 냄새의 원인 중 하나다. 이 물질은 이름부터 시체를 의미하는 라틴어 '카다베르*cadaver*'로부터 유래했다. 물론 이 지독한 냄새를 내는 푸트레신과 카다베린도 세포 내 생명 활동에서 맡는 역할이 엄연히 있기 때문에 살아있는 생명체 내에서도 이들 분자의 존재가 발견되기는 한다. 하지만 이들 분자가 세포 안이 아닌 바깥에 공개적으로 출현했다면? 이는 생명체의 죽음과 깊은 연관이 있다.

최근 가족을 비롯한 주변 사람들과 단절된 채 살아가다가 삶의 무게를 견디지 못하고 혼자만의 공간에서 생을 마감하는 고독사가 사회 문제로 대두되었다. 옆집 사람의 안부를 물으며 하루를 보내는 것이 드문 요즘, 고립된 사람들의 죽음을 사회적인 방식으로 눈치채기란 쉽지 않다. 대개 오랜 시간 부패한 시체에서 나는 푸트레신의 냄새로 고독사 현장이 주변에 드러나게 되는데, 죽음 그 자체인 시체야말로 삶

을 유지하고자 하는 생명이 가장 멀리해야 할 존재이기에 인간은 시
체에서 발생하는 푸트레신의 냄새를 매우 잘 인지하게 마련이다. 오늘
날 푸트레신의 냄새는 사람 사이의 단절이 흔해진 우리 사회의 문제
를 돌아보게 하는 화학적 신호가 되었다.

067

에탄올 C_2H_6O

술의 주원료

술 취하게 만드는 에탄올

오랜 관찰과 경험을 통해 채집으로 얻은 과일과 농사의 결과물인 곡류로부터 사람을 취하게 만드는 액체가 만들어지는 것을 알게 된 사람들은 이들을 원료로 해서 다양한 술을 빚어 즐겼다. 벼농사를 널리 행한 한반도도 예외는 아니었는데, 한국인들은 예부터 곡물을 발효시켜 얻은 탁주와 청주는 물론, 농도를 더 높여 독하게 만든 소주도 즐겨 마셨다.

술이 사람을 취하게 하는 것은 거기에 녹아 있는 에탄올 때문이다. 위장 점막을 통해 흡수되어 뇌에 도달한 에탄올은 뇌세포 활동을 억제하는데, 이는 일종의 마취 현상이다. 그래서 취하게 되면 이성에 의해 억눌려 있던 본능적인 모습이 발현되곤 한다. 여기서 더 나아가면 몸을 못 가누거나 기억을 상실하는 등의 위험한 상황이 발생하기도 한다. 그래서 적절한 음주는 사람 사이의 긴장을 완화시키는 사회적인 기능을 한다지만, 대개 제어가 불가능한 충동적인 행동 및 심신 미약 상태에서 내린 위험한 행동의 원인이 되는 경우가 많아 사회적 문제가 되는 경우가 많다. 특히 성장이 진행되는 나이에 술을 마시는 것은 신체적, 정서적 발달에 큰 해악이 되므로 대한민국은 만 19세 미만에게, 미국은 이보다 더 엄격해 만 21세 미만인 사람에게 주류를 판매하는 것은 불법이다.

에탄올과 증류

에탄올은 에테인ethane (C₂H₆)의 화학구조에서 수소(H) 하나를 수산화기(−OH)로 교체한 분자이고, 이렇게 수산화기를 포함한 유기 화합물을 알코올alcohol이라 부른다. 참고로 'algebra'나 'alkali'처럼 'al-'로 시작하는 단어들은 '알ﻟ'을 정관사로 사용하는 아랍어 표현에서 온 경우가 많은데, 알코올 역시 증류해서 얻은 물질을 의미하는 아랍어 단어 '알쿠홀'에서 왔다. 옛 아랍 연금술사들은 혼합물을 가열할 때 끓는점이 낮아 먼저 끓어 나오는 기체를 차갑게 식혀 응축시키는 증류 과정을 중시했는데, 술을 증류한 결과 물(100℃)보다 끓는점이 낮은 무색 투명한 에탄올(78℃)을 분리해 냈던 것이다. 그들은 불에 탈 수 있는 이 액체야말로 술의 진정한 영혼이자 근본이라고 생각했다.[*]

  증류를 통한 에탄올 분리는 술 문화에 혁명을 일으켰다. 본래 에탄올은 과실이나 곡물 속 당류가 미생물에 의해 무산소 호흡, 즉 발효될 때 부산물로 만들어지는 것인데, 발효가 과도하게 진행되면 고농도의 에탄올이 미생물을 되려 사멸시킨다. 에탄올이 미생물 내부에까지 침투해서 세포 내 단백질이 응고되어 버리기 때문이다.[**] 그래서 막걸리나 포도주와 같은 발효주의 에탄올 농도는 15%를 넘을 수 없다. 그런데 술을 증류하여 인위적으로 농축할 수 있다. 이러한 증류를 통해 포도주는 증류되어 브랜디가 되었고, 보리술은 위스키가 되었으며, 신대륙의 사탕수수 발효주는 럼이 되었다. 이들은 모두 도수가 매우 높은 증류주다.

우리에게 친숙한 소주는 본래 쌀에서 얻은 청주를 증류해서 얻는 술이었지만, 광복 이후 가난한 시절에 먹기에도 아까운 쌀을 술로 만드는 것은 사치에 가까웠다. 그래서 사람들은 공업적으로 생산한 순도 100% 에탄올의 주정酒精에 물을 탄 뒤 갖가지 감미료를 추가해 소주를 만들었다. 이렇게 만들어진 희석식 소주는 증류와 관련된 '불사를 소燒'의 의미와 멀어진 에탄올 수용액에 불과하지만, 저렴했던 덕분에 서민들 사이에서 널리 퍼져 결국 대한민국의 대표적인 술로 자리매김하기에 이르렀다.

● 영혼을 의미하는 영단어 'spirit'은 13세기까지만 해도 증류 과정으로 얻은 액체를 의미하는 명사였다. 오늘날에는 도수가 높은 증류주를 가리키는 말이기도 하다.

●● 그래서 시판되는 손 소독제에는 각종 세균과 바이러스를 빠르고 확실하게 죽일 수 있도록 적절한 수준의 고농도(~70%) 에탄올이 포함되어 있다.

068

자일리톨 $C_6H_{14}O_6$

충치 잡는 분자

단맛이 나는 알코올

어떤 알코올 분자는 수산화기(−OH)를 둘 이상 가질 수도 있다(그림 참조). 이때 수산화기의 개수에 가價 라는 접미사를 붙여 알코올을 분류한다. 예를 들어, 수산화기가 2개 있는 에틸렌글라이콜ethylene glycol ($C_2H_4(OH)_2$)은 2가 알코올, 3개 있는 글리세롤glycerol ($C_3H_5(OH)_3$)은 3가 알코올인 식이다. 에틸렌글라이콜은 어는점이 낮아서 자동차 부동액으로 널리 쓰이고, 글리세롤은 물을 잡아두는 성질이 탁월해서 각종 화장품 및 세정 용품의 보습제로 널리 쓰인다.

그런데 수산화기의 개수가 많은 알코올은 단맛이 난다. 예를 들어 4가 알코올인 에리스리톨erythritol ($C_4H_6(OH)_4$), 5가 알코올인 소르비톨sorbitol ($C_5H_7(OH)_5$), 그리고 자작나무 숲에서 얻을 수 있다는 6가 알코올인 자일리톨xylitol ($C_6H_8(OH)_6$) 등이 대표적으로 단맛이 나는 알코올이다. 이렇게 단맛이 나는 높은 가수의 알코올을 당알코올sugar alcohol 이라 부른다. 식사 대용 및 영양 보조 성격이 강한 각종 에너지 바 제품, 식사 후 입안을 상쾌하게 하고 싶을 때 먹는 사탕, 그리고 핀란드 사람들이 즐

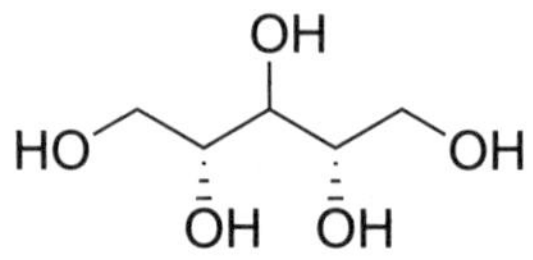

겨 찾는다는 충치 예방 성분이 들어간 껌에는 모두 설탕 대신 당알코
올이 들어가 있다.

충치를 잡아라

험준한 계곡처럼 생긴 치아 사이에 긴 탄수화물 찌꺼기를 먹으며 살
아가는 뮤탄스균은 젖산을 배출한다. 젖산은 치아를 덮고 있는 단단한
법랑질을 서서히 부식시키고, 그 틈으로 각종 세균이 침투하면 치아는
물론 치아와 연결된 신경까지 큰 손상을 입게 되는데, 이것이 바로 충
치다. 하지만 치아를 아무리 세심하게 닦아도 이 사이에 긴 음식물 찌
꺼기를 완벽하게 제거하는 것은 쉽지 않기 때문에, 충치는 평생 관리
해야 할 숙제와도 같다.

충치 문제를 해결하기 위해 자일리톨을 활용하기도 하는데, 어차피
음식 찌꺼기를 완벽하게 제거하는 것이 불가능하다면, 뮤탄스균을 속
여 충치를 예방해 보자는 것이 자일리톨 전략의 핵심이다. 뮤탄스균은
사탕이나 껌을 통해 치아 표면에 고르게 도포된 자일리톨을 음식 찌꺼
기의 일부로 간주하여 소화의 대상으로 삼는다. 하지만 애석하게도 뮤
탄스균은 단맛이 날 뿐 탄수화물과는 완전히 화학구조가 다른 당알코
올을 소화하지 못한다. 그래서 섭취된 자일리톨은 그대로 배출될 뿐이

다. 뮤탄스균은 자일리톨 소화에 거듭 도전하지만 무의미한 섭취와 배출만 반복될 뿐이며, 그 과정 중에 뮤탄스균은 모든 에너지를 소모하고 만다. 결국 지칠 대로 지친 뮤탄스균은 굶어 죽는다.

이런 과정을 음미해 보자면, 왜 이를 닦고 자일리톨을 섭취하라는지 쉽게 이해할 수 있다. 기껏 입안에 잘 발라놓은 자일리톨이 양치질 과정에서 전부 씻겨 사라지면 안 되기 때문이다. 또한 자일리톨의 충치 예방 효과를 극대화하려면 입안에서 빠르게 녹아 사라지는 사탕보다 오랫동안 입안에서 놀릴 수 있는 껌이 더 효과적일 것이다. 물론 그 효과를 제대로 보려면 껌을 수 시간 동안 씹어야 한다는 한계가 있기는 하지만 말이다.

069

아세트알데하이드 C_2H_4O

숙취의 원인

에탄올의 해독 과정

알코올을 지나치게 흡수하면 신경계를 비롯한 각종 세포 및 장기의 활동에 큰 문제가 발생하므로, 인체는 흡수된 알코올을 해독한 뒤 적절하게 처리하여 배출하는 방법을 터득해 놓았다. 해독 과정은 체내 알코올에 존재하는 수산화기(−OH)를 먼저 폼일formyl 기(−CHO)로 산화하는 것으로 시작한다. 폼일기를 가지고 있는 유기화합물을 알데하이드aldehyde 라고 부르므로, 에탄올은 먼저 아세트알데하이드acetaldehyde (CH_3CHO)가 된다. 아세트알데하이드는 그 이후에 한번 더 산화되며 폼일기는 카복실산(−COOH)이 되므로, 결국 체내 해독 과정을 거치면 에탄올은 독성이 덜한 아세트산(CH_3COOH)으로 최종 전환된다.[*]

이 아세트알데하이드가 몸 안에 있으면 얼굴이 붉어지고 어지러워지면서 머리가 아파온다. 어떤 사람은 술을 마셔도 낯빛이 그대로인가 하면, 어떤 사람은 술을 마시면 금세 얼굴이 벌겋게 달아오르는데, 이것은 에탄올 산화 효소의 활성이 개개인마다 달라 음주 후 몸안에 존재하는 아세트알데하이드의 양이 사람마다 다르기 때문이다. 또한 아세트알데하이드가 여전히 몸에 존재하게 되면 음주 다음날까지 머리가 지끈거리는 숙취 현상을 경험하게 되는데, 이 역시 음주량과 개인마다 다른 에탄올 분해 능력에 달렸다. 통계에 따르면 서양인에 비해 한국과 일본을 비롯한 동아시아 사람들의 알코올 분해 능력이 떨어진다.[7] 그래서 본인이 술을 마실 때 얼굴이 붉어지면서 과한 두통이 찾아온다면 음주를 절제하는 것이 숙취의 고통을 피하는 길이다.

치명적인 알데하이드

술 만드는 기술이 조악했던 과거에는 갓 빚은 술에 에탄올뿐 아니라 탄소 수가 1개인 메탄올 methanol (CH_3OH)도 종종 섞여 있었다고 한다. 문제는 뇌의 기능을 마비시키는 정도의 부작용이 있는 에탄올에 비해 메탄올의 독성은 극악하여, 심하면 실명이나 사망에까지 이르게 한다는 것이다. 엄밀하게 이야기하자면, 체내 알코올 해독 과정이 메탄올에도 적용된 결과 만들어진 폼알데하이드 formaldehyde ($HCHO$)의 끔찍한 독성이 문제다. 폼알데하이드를 농도 35~40%의 수용액으로 만든 것을 포르말린 formalin 이라 부르는데, 이는 생물 표본을 담가 방부 처리를 할 때 쓰는 액체다. 이런 액체를 몸에서 주입하는 것은 굉장히 위험한 일이다.

그래서 중국의 4대 기서 중 하나로 널리 읽히는 《수호전 水滸傳》을 보면, 당시 송나라 시대 사람들은 주점에서 내온 술을 바로 마시지 않고 옆에서 종업원이 술독을 데우고 걸러준 뒤에야 마신다. 이는 메탄올의 끓는점(65℃)이 에탄올(78℃)보다 낮아서 은근한 가열을 통해 메탄올을 기화시켜 없앨 수 있으므로 직접 입으로 들이켤 가능성을 크게 줄이기 때문이다. 물론 모든 문제의 원흉인 술이니, 술을 마시지 않는다면 이런 걱정을 할 필요조차 없었겠지만 말이다.

* 이는 술이 식초로 변화는 산화 과정과 동일하다.

070

카페인 $C_8H_{10}N_4O_2$

교황의 축복을 받게 된 악마의 음료

잠 못 이루는 밤

전해오는 말에 따르면, 에티오피아의 한 양치기는 어느 날 자기가 치던 양들이 도무지 밤에 잠들지 않고 각성 상태를 유지하는 바람에 크게 애를 먹었다고 한다. 도대체 낮 동안 무슨 일이 일어난 것인지 궁금했던 양치기는 어떤 붉은 열매를 먹은 양들이 유독 잠을 못 잔다는 사실을 알게 되었고, 호기심에 그 열매를 따서 먹어봤더니 자신도 그 양들처럼 좀체 잠을 이루지 못했다. 이 사실을 전해 들은 근방의 수도원에서 수도사들에게 이 열매를 물에 넣고 끓인 차를 마시게 하여 수도 생활에 방해가 되는 잠을 효과적으로 쫓아냈다고 한다. 이것이 바로 전 세계인이 즐겨 마시는 커피의 전설적인 유래다. 유럽 사람들은 이슬람 세계에서 널리 음용된 커피를 혐오했지만, 커피를 맛보고 그 향에 크게 감동한 교황 클레멘스 8세 Clemens VIII 가 이 '악마의 음료'를 축복한 뒤부터 커피 문화가 유럽에도 급속히 퍼졌다.

커피를 마신 뒤 잠이 달아나고 정신이 또렷해지는 것은 커피나무 열매에 들어 있는 카페인 caffeine 이 체내에서 일으키는 각성 효과 때문이다. 카페인은 피로를 느끼게 하는 아데노신adenosine이 수용체에 붙는 것을 방해함으로써, 우리 몸이 피로를 느끼지 못하게 한다. 시중에 유통되는 에너지 드링크는 고농도의 카페인을 포함하여 카페인의 각성 효과를 극대화한 제품이다. 그런데 카페인에 대한 민감도는 사람마다 달라서, 어떤 사람은 오후에 한 잔의 에스프레소만 마셔도 그날 밤 잠을 못 이루는 반면, 어떤 사람은 철야 작업 중에 에너지 드링크를 마셔도 졸음이 몰려오는 걸 막을 수 없다고 호소하기도 한다.

불면의 고통 없이 커피 즐기기

사실 잘 볶은 커피 원두를 내리는 과정은 커피 원두 속에 존재하는 수용성 물질들을 극성이 높은 물(H_2O)로 고온 추출하는 화학적 과정과 별로 다를 게 없다. 다시 말해 커피란 카페인을 비롯한 다양한 유기화합물 수용액이다. 그래서 커피의 향미를 즐기려는 사람들은 필연적으로 카페인을 함께 섭취할 수밖에 없는데, 카페인의 각성 효과를 견디기 힘든 사람들에게는 이는 고역과도 같다.

이런 사람들을 위해 개발된 것이 바로 디카페인decaffeinated 커피로, 카페인 분자가 물보다 극성이 낮은 다이클로로메테인dichloromethane

(CH_2Cl_2)과 같은 유기용매에도 잘 녹는다는 화학적 특성을 활용하여 만든 혁신적인 기호품이다. 핵심은 원두에 포함된 상당량의 카페인을 CH_2Cl_2으로 추출 및 제거하는 것이다. 이때 커피의 향미를 결정짓는 다양한 수용성 유기화합물들은 CH_2Cl_2에 녹지 않으므로 맛과 향은 그대로이면서 카페인만 쏙 빼낸 디카페인 커피를 얻을 수 있다. 그런데 CH_2Cl_2이 유해한 독성 물질이라고 해서 디카페인 커피 마시는 것을 주저할 필요는 없다. CH_2Cl_2은 끓는점이 40°C 정도로 매우 낮아 카페인 추출 이후 말리고 볶는 과정에서 전부 기화되어 사라지기 때문이다.

071

니코틴 $C_{10}H_{14}N_2$

애연가를 정복한 담배 연기 속 정체

담배, 구대륙으로 건너오다

콜럼버스의 항해는 맨틀의 대류에 따른 대륙 이동의 결과 오랫동안 물리적으로 떨어져 있던 신대륙 아메리카와 구대륙 유라시아를 다시 이어주는 데 결정적인 공헌을 했다. 불행히도 두 대륙의 접촉은 신대륙 측의 파멸로 이어졌는데, 특히 천연두나 홍역 같은 구대륙의 수많은 병원체들은 면역력이 없던 신대륙 주민들 대부분을 죽음으로 몰아넣었고, 이는 스페인의 정복자들이 아즈텍과 잉카를 멸망시키는 과성에서 총칼에 학살된 원주민의 수를 아득히 뛰어넘는 수준이었다. 하지만 교류는 쌍방향이었으므로 신대륙의 '좋지 못한 것' 역시 구대륙으로 전파되었는데, 그중 하나가 바로 담배다.

담배는 가짓과의 식물로, 아메리카 대륙의 원주민들은 담뱃잎을 잘 말린 뒤 불을 붙였을 때 나오는 연기를 즐겨 마시곤 했다. 처음에는 이 매캐한 연기가 대관절 무엇에 좋은지 몰랐던 유럽 사람들도 이내 담배 연기의 미수에 사로잡히게 되었다. 지금과는 달리 과거에는 담배의 해악이 잘 알려져 있지 않았으므로 흡연이 고상한 취미이자 지식인의 소양처럼 여겨지던 시절이 있었다. 하지만 현재 담배는 백해무익의 대명사로 여겨질 정도로 건강에 해로운데, 대한폐암학회의 설명에 따르면, 담배 연기에는 가장 널리 알려진 유해 물질인 타르tar 와 니코틴 nicotine 이 들어 있으며, 이외에도 담배에는 약 4,000가지의 유해물질과 약 40가지의 발암물질이 포함되어 있다고 한다.

담배 중독

애연가들이 담배에 탐닉하는 이유는 담뱃잎에 포함되어 있는 니코틴 때문이다. 니코틴은 곤충에게 신경 독성 물질로 작용하기 때문에, 담배는 곤충으로부터 자신을 보호하고자 뿌리에서 니코틴을 합성한 뒤 잎에 저장한다. 그런데 인간은 이 천연 살충제가 포함된 담뱃잎에 불을 붙인 뒤 나오는 연기를 들이마신다! 이는 체내로 유입된 니코틴이 빠른 시간 안에 중추신경계와 부신 수질에 있는 수용체와 결합함으로써 행복감을 주는 도파민[48]과 더불어 흥분 상태를 유발하는 아드레날린 수치를 증가시키기 때문이다. 보통 2시간 정도 후면 니코틴이 간에서 분해되는데, 도파민이 주는 보상 회로 때문에 니코틴에 중독된 흡연자는 얼마 지나지 않아 다시 담배를 찾게 되고, 이것이 깨어 있는 동안 끊임없이 반복된다. 담배의 의존성이 마약 못지 않은 것이 바로 이 때문이다.

담배가 신대륙에 소개된 지 족히 300년은 지났을 1828년, 독일의 화학자 빌헬름 하인리히 포셀트Wilhelm Heinrich Posselt 와 카를 루트비히 라이만Karl Ludwig Reimann 은 사람들을 담배의 구렁텅이로 몰아넣은 니코틴을 담뱃잎으로부터 분리하여 그 정체를 밝혀내는 데 성공한다. 그들은 이 중독성 알칼로이드에 프랑스의 외교관 장 니코Jean Nicot 의 이름에 접미사 '-ine'을 붙여 니코틴이라는 이름을 지어주었다. 니코는 주포르투갈 대사로 활동하던 1560년, 프랑스 궁정에 담배를 들여와 약재라며 처음 소개한 사람이었다. 그러나 기대와는 달리 니코는 훗날 자신의 이름이 유해 물질의 대명사로 회자될 줄은 살아생전 꿈에도 몰랐을 것이다.

072

모르핀 $C_{17}H_{19}NO_3$

역사를 바꾼 마약

양귀비가 품은 진통제

양귀비는 본래 앵속櫻粟이라는 이름을 가진 붉은 꽃으로, 그 아름다움이 당나라를 위기에 빠뜨린 절세미인 양귀비楊貴妃에 비견할 만하다 하여 붙여진 이름이다. 양귀비는 이미 기원전 6000년부터 재배되었다는 기록이 있을 정도로 오랜 역사를 함께했는데, 그 이유는 열매에 상처를 내어 얻은 즙이 강력한 고통을 잊게 해주는 진통 효과를 발휘했기 때문이다. 인체에는 이 즙에 포함된 모르핀morphine에 대한 수용체가 있어 강력한 진통 효과가 유발될 수 있다.[50] 그런데 문제는 모르핀이 강력한 의존성을 가진 마약으로 작용할 수 있다는 사실이었다.

양귀비의 즙에서 추출하던 모르핀의 정체가 밝혀진 것은 1805년으로, 독일의 약제사 프리드리히 제르튀르너Friedrich Sertürner가 아편을 추출한 물(H_2O)에 암모니아(NH_3)를 넣어 무색투명한 결정을 얻어내는 데 성공했다. 제르튀르너는 자기 자신을 대상으로 한 인체 실험을 반복하여 자신이 얻은 결정을 섭취하면 아픔도 잊고 잠도 잘 온다는 것을 알게 되었고, 이를 그리스 신화의 꿈의 신 모르페우스Μορφεύς의 이름을

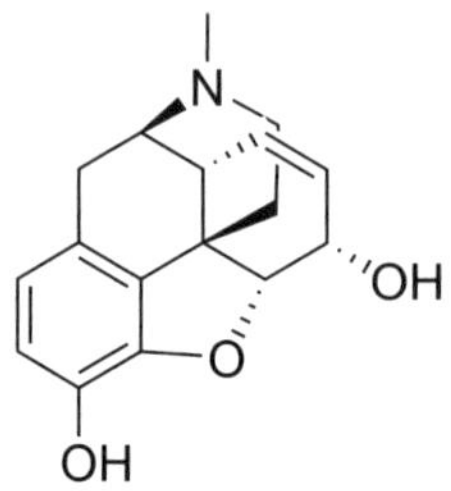

빌린 모르피움morphium 이라고 불렀다. 훗날 모르피움이 질소(N)를 포함하는 알칼로이드의 일종인 것이 밝혀진 뒤, 이 중독성 물질은 접미사 '-ine'이 붙은 모르핀morphine 으로 불리게 되었다.

모르핀이 부른 백 년의 치욕

모르핀의 위험성이 크게 알려지지 않았던 시절, 강력한 진통과 환각 작용을 일으키는 모르핀이 결정 형태로 대량생산되자 모르핀 투약이 광범위하게 벌어졌다. 심지어 미국에서는 아파서 우는 아이들을 달래기 위해 모르핀이 다량 첨가되어 있던 시럽이 개발되어 불티나게 팔리기도 했다.* 수많은 아이들이 모르핀 중독 상태에서 죽은 뒤에야 비로소 모르핀을 비롯한 중독성 물질의 복용에 대한 제재가 가해졌다.

중국은 각종 마약류 단속과 처벌이 강력하기로 유명한데, 이는 모르핀이 과거 청나라의 멸망을 앞당겼기 때문이다. 청나라로부터 차, 비단, 도자기를 수입하던 영국은 만성적인 무역 적자를 해결하고자 자국에서 생산한 공업 제품을 인도에 팔고 인도에서 생산한 아편阿片을 중국에 파는 삼각 무역을 단행했다. 그 결과 청나라에서는 아편의 모르핀에 중독된 사람이 헤아릴 수 없이 많아졌고, 중독된 사람들이 계속 아편을 구입하느라 청나라 화폐 체계의 중심인 은이 자꾸 해외로 유출되어 심각한 경제 문제가 생겼다.

결국 청나라 조정은 영국 상인들로부터 아편을 몰수하여 폐기했고, 이에 자신들의 이익이 침해당했다고 생각한 영국은 이를 빌미로 삼아 청나라를 상대로 선전 포고를 하여 전쟁에 돌입하니, 저 유명한 제1차 아편전쟁이었다. 결과는 청나라의 참패였으며, 중국이 제국주의 열강들의 반식민지로 전락했던 백년국치의 시작이었다. 이 시기를 누구보다 치욕스럽게 생각하는 중국이기에 아편을 비롯한 마약류 취급에 대해서는 무관용 정책으로 일관하는 것이다.

* '윈슬로 부인의 진정 시럽 Mrs. Winslow's Soothing Syrup'이라는 이름으로 판매되었다.

073

인디고 $C_{16}H_{10}N_2O_2$

청출어람 靑出於藍

인도산 남색 염료

하늘과 바다를 보노라면 세상에 파란색만큼 흔하게 존재하는 색은 없어 보인다. 하지만 동식물로 시선을 옮기면 파란색은 정말이지 희귀한 색이다. 빨간 꽃, 노란 꽃, 보라색 꽃, 심지어 녹색 꽃도 있지만, 파란색 꽃은 좀체 찾아보기 힘들다. 동물의 털에서도 파란색을 찾기는 쉽지 않다. 하지만 고대 인도 사람들은 오래전부터 쪽이라는 녹색 식물로부터 파란색을 내는 염료를 얻어내는 방법을 알고 있었고, 자연에서 보기 힘든 파란색으로 염색한 옷을 맵시 있게 입고 다녔다. 사람들은 이 염료가 인도에서 왔다고 해서 인디고indigo 라고 불렀다.

인디고의 남색에 매료된 주변 지역 사람들은 자기 동네에서 자라는 쪽에서 파란 염료를 얻었고, 한국도 예외는 아니어서 고대부터 쪽 염색을 전문적으로 하는 장인들이 국가의 관청에서 일했다. 신라의 염궁染宮, 고려의 도염서都染署, 조선의 제용감濟用監 이 이런 일을 담당했던 부서들이다. 이렇듯 쪽 염색에 친숙했던 동아시아 사람들은 쪽에서 나온 인디고 염료가 쪽보다 더 푸르다는 것을 잘 알고 있었고, 중국의

철학자이자 성악설을 주장한 순자荀子 역시 이를 빗대 '청출어람이청
어람靑出於藍而靑於藍'이란 말로 스승보다 나은 제자를 논했다. 우리는
보통 이를 '청출어람'이라 줄여 부른다.

합성된 천연염료의 시대

쪽에서 인디고를 만드는 일은 위험한 장시간 노동을 요구하는 고된
작업이다. 게다가 원료인 쪽을 대량 재배하는 것부터 중요하다. 이런
노동집약적인 인디고 생산은 자연히 식민지 단일 경작 농업인 플랜테
이션plantation 과 결합하였고, 특히 영국 식민지였던 인도 제국에서 어
마어마한 양의 인디고를 생산했다.

이러한 판세를 일거에 뒤바꾼 것은 독일 화학자들의 잇따른 연구
성과였다. 아돌프 폰 바이어Adolf von Baeyer 는 1870년에 이미 인디고의
화학구조를 밝혀냈고, 아이사틴isatin 이라는 화합물로부터 인디고를
합성하는 방법도 알아냈다. 1882년에는 2-나이트로벤즈알데하이드
2-nitrobenzaldehyde 로부터 인디고를 합성하는 데 성공하는데, 이 방식은
요즘 고등학교나 대학교 실습에서도 자주 활용된다. 현재는 쉽게 얻을
수 있는 방향족 분자인 아닐린anilin 을 전구체로 삼아 인디고를 연 8만

톤 가까이 대량 합성하는데,[8] 이는 바이어의 연구를 바탕으로 카를 호이만Karl Heumann 및 요하네스 플레거Johannes Pfleger 가 1890년부터 개량한 합성법에 기초한다.

인디고의 대량 합성은 기존의 전통 인디고 생산 산업에 큰 타격을 주었다. 생산량이 월등히 많은 합성 인디고는 가격이 낮았을 뿐만 아니라 불순물이 적어 일정하고도 명확한 색을 낼 수 있었으므로 기존 천연 인디고를 순식간에 대체했다. 현재 대량 합성되는 인디고는 대부분 데님 소재의 천을 물들이기 위해 쓰이는데, 이것이 우리 시대의 영원한 패션 아이템인 청바지의 주요 소재다. 고대 인도인들이 서울 거리를 걷다 보면 무수히 많은 사람들이 그 비싼 인디고로 염색된 바지를 입고 다니는 것을 보고 경악할지도 모를 노릇이다. 이것이 다 비싼 재료를 품질 좋고 값싸게 만들어 내는 방법을 고안한 화학자들의 마법 같은 공헌 덕분이다.

5부

화학 합성의 양날

"기술의 진보는 마치
병적인 범죄자의 손에 든 도끼와 같다."

•

알베르트 아인슈타인

———

하인리히 장거 Heinrich Zangger 에게 보낸 편지에서 과학기술의 발전을 통해 자연 세계의 화학물질 구조와 성질을 이해한 인류는 축적한 지식을 바탕으로 지구상 어떠한 생명체도 시도하지 않았던 새로운 모험을 벌이게 된다. 그것은 자연계에서 발견되던 물질뿐만 아니라 오랜 우주의 역사 가운데 존재한 적 없었던 새로운 물질을 화학 법칙을 기반으로 새로이 합성하는 일이었다. 마침 산업혁명에 따라 대량생산 및 소비가 익숙해진 시대에 접어들면서, 유용성을 지닌 화학물질은 연금술사들의 밀실이 아닌 대낮에도 맹렬히 가동되는 공장에서 거대한 규모로 생산되었다. 덕분에 인류 사회는 삶의 질을 높여주는 갖가지 화학물질의 축복으로 전례 없이 팽창했다. 하지만, 제한 없는 화학물질의 발전은 도리어 인류 사회를 파멸로 이끄는 전쟁과 환경 오염과 같은 문제를 야기하기도 했다. 이 장에서는 빛나는 화학 합성의 역사, 그리고 그 이면에서 인류를 포함한 지구 생명체들을 위협으로 몰아넣은 화학물질에 대해 이야기하고자 한다.

요소 $CO(NH_2)_2$

무기물이 유기물로 전환되는 화학

유기화합물과 생기론

화학은 다양한 물질과 반응을 다루는 학문이므로 하위 분야가 많다. 그중 유기화학organic chemistry 은 그 이름에서 알 수 있듯 생명체가 생성하는 유기화합물과 그들이 일으키는 반응을 연구하는 학문이다. 국립국어원 표준국어대사전은 유기화합물을 다음과 같이 정의하고 있다.

"탄소의 산화물이나 금속의 탄산염 따위를 제외한 모든 탄소 화합물을 통틀어 이르는 말. 동식물의 생명력에 의해서만 생성될 수 있다고 알려졌으나, 1828년 뵐러가 무기화합물에서 요소urea 를 합성한 뒤로 무기화합물과의 구별이 없어졌다."

오랫동안 많은 사람들은 아리스토텔레스의 가르침에 따라, 영혼에서 생성된 생명력이 생물의 원동력이므로 생명력 없이는 유기화합물이 만들어질 수 없다고 보았다. 근대 화학 발전에 지대한 공헌을 한 스웨덴 화학자 옌스 베르셀리우스Jöns Berzelius 역시 생체 내에서 유기화합물이 만들어지는 화학반응과 생체 밖에서 무기화합물이 만들어지는 화학반응 사이에는 복잡성에 차이가 있으며 그 차이의 원인이 바

$$H_2N \overset{\displaystyle O}{\diagup\diagdown} NH_2$$

로 생명력이라고 생각했다. 이렇게 생명력의 관여 여부에 따라 유기화합물과 무기화합물 사이에 넘을 수 없는 벽이 존재한다고 믿는 입장을 생기론生氣論, vitalism 이라 한다.

요소의 합성

위의 사전 뜻풀이에서 언급하는 프리드리히 뵐러Friedrich Wöhler 의 실험은 생기론의 폐기를 앞당기는, 화학 역사상 매우 기념비적인 사건이었다.[1] 그는 1828년 암모니아(NH_3)와 사이안산cyanic acid (HNCO)을 함께 가열하여 사이안산 암모늄ammonium cyanate (**NH_4OCN**)을 얻고자 했다. 그런데 생성물이 원래 예상했던 물질이 아닌 것 같아 혹시나 하는 마음에 소변으로부터 분리해 얻은 요소와 비교 분석한 뵐러는 그가 합성한 물질이 사이안산 암모늄이 아니라는 뜻밖의 결론을 내렸다. 그것은 바로 생체 유기화합물, 즉 요소였다!●

체내에 들어온 단백질은 소화 과정에서 아미노산으로 분해되는데, 이 과정에서 발생하는 질소(N)화합물들은 일종의 노폐물로 간주된다. 어류는 이러한 질소 노폐물을 물에 잘 녹는 NH_3의 형태로 직접 배설하지만, 양서류와 포유류는 공기 중으로 NH_3를 직접 배출할 수는 없어서 간에서 NH_3를 요소로 전환한 뒤 물에 용해시킨 다음 배출하는

데 이것이 바로 소변이다.[**] 이처럼 요소는 생명 활동으로 생성되는 물질이므로 생명력이 관여하여 만들어진 화합물이었어야 했다.

그러니 뷜러의 실험 결과는 생기론에 위협을 가하는 것이었다. 뷜러는 생명력이 관여하지 않아도 인공적으로 만들 수 있는 유기화합물이 있다는 식으로 에둘러 표현하면서 끝까지 생기론을 향한 자신의 믿음을 저버리지 않았지만, 화학 발전에 따른 패러다임의 변화는 막을 길이 없었다. 생기론은 극복되었고, 현재 수많은 화학 실험실에서는 요소뿐만 아니라 수많은 생체 유기화합물들을 엄선된 방법으로 순도 높게 합성하여 다양한 의약, 재료, 생명공학 발전에 사용하고 있다.

[*] 뷜러는 사이안산 은($AgNCO$)과 염화 아모늄(NH_4Cl), 혹은 사이안산 납($PbNCO$)과 암모니아수를 반응시켜 보기도 했다. 그러나 동일하게 요소가 합성되었다고 한다.

[**] 암모니아의 요소 전환과 관련된 일련의 과정을 요소 회로 혹은 오르니틴 회로 ornithine cycle 라고 한다.

암모니아 NH₃

공기에서 빵을 만드는 화학

맬서스의 덫에서 벗어난 인류 사회

1798년 영국의 경제학자 토머스 맬서스Thomas Malthus 는 그가 저술한 《인구론》에서 식량은 산술급수적으로 증가하는데 인구는 기하급수적으로 증가하므로 인류 사회는 언젠가 종말적인 위기를 겪을 것이라 주장한 바 있었다. 이를 맬서스의 덫이라 부른다. 뚜렷한 한계를 보인 식량 생산성과 인구 급증에 따른 불안감 때문에 당시에는 이런 비관적인 주장도 일리가 있는 말처럼 들렸다.

맬서스의 덫이 현실에 강림하지 않은 것은 화학 공업 발전에 따른 질소 비료의 생산 덕분이었다. 과거에는 작물을 키운 뒤 소진한 땅심을 회복하기 위해 퇴비를 뿌리거나 아예 농사를 쉬어야 했는데, 산업적으로 생산된 비료가 그 어떤 방식보다도 땅을 비옥하게 되돌린 덕택에 늘어난 인구가 먹을 수 있는 많은 양의 식량을 땅을 쉬게 하지 않아도 매번 연달아 생산할 수 있었다.

$$H-\overset{N}{\underset{H}{}}\cdots H$$

평형의 덫을 이겨낸 촉매 개발

이 모든 공로는 독일의 화학자인 프리츠 하버Fritz Haber에게 돌려야 할 것이다. 하버는 대기 부피의 78%를 차지하는 질소(N_2)를 수소(H_2)와 반응시켜 질소 비료를 만드는 데 필수적인 암모니아ammonia (NH_3)를 합성하고자 했다.

$$N_2 + 3H_2 \rightleftarrows 2NH_3$$

그런데 N_2를 구성하는 N 원자들은 삼중결합으로 단단히 묶여 있으므로 H_2와 만났다고 해서 손쉽게 결합을 끊고 암모니아를 만들어 내지는 못한다.[23] 이러한 반응을 강제하려면 온도를 높여야 하는데, 문제는 암모니아 합성 반응이 바로 화학평형을 이루는 가역 반응이라는 것이었다. 암모니아가 합성되는 정반응이 열을 내놓는 발열반응이므로 온도가 높아지면 오히려 역반응인 암모니아 분해가 일어난다.● 그나마 압력을 가하면 전체 분자 수가 줄어드는 정반응이 어느 정도 촉진되어 수율이 올라가지만, 단순히 고온 및 고압 조건만으로는 느릿느릿 합성되는 암모니아의 효율적인 대량 합성이 불가능했다.

이 문제를 해결할 수 있는 방법은 촉매의 도입이었다. 촉매를 통해 활성화 에너지 activation energy 를 낮춤으로써 반응속도를 빠르게 하는 것이다. 하버는 수많은 실패를 경험한 끝에 오스뮴(Os)이나 우라늄(U)을 포함하는 촉매를 발견하여 N₂와 H₂로부터 암모니아를 효과적으로 합성하는 데 성공했다. 단, 산업적인 암모니아 생산은 좀 더 값싸고 쉽게 얻을 수 있는 철(Fe) 기반 촉매의 개발과 더불어 대규모의 생산 설비가 갖춰진 이후에야 가능했고, 이는 카를 보슈 Carl Bosch 라는 걸출한 화학 공학자의 헌신 덕분이었다.

불가능해 보였던 화학반응을 실험실 수준이 아닌 공장 수준에서의 대량생산으로 연결시켜 인류 식량 문제를 해결했다는 점에서 암모니아 합성 혁신은 화학 역사상 가장 눈부시고도 극적인 업적으로 손꼽힌다. 공기에서 빵을 만들어 낸 하버와 보슈는 1931년, 노벨 화학상을 받았다.

• 이는 르 샤틀리에의 원리 때문이다.

•

르 샤틀리에의 원리

이산화 질소(NO_2) 분자 두 개는 발열반응을 거치면서 사산화 이질소(N_2O_4) 한 분자로 전환되는 이합체 dimerization 반응을 일으키면서 평형을 이룬다.

$$2NO_2 \rightleftharpoons N_2O_4$$

지금까지 언급된 바를 종합하여 위 화학반응의 반응조건이 변할 때 평형이 어떻게 변할지 예상해 보자.

- NO_2가 첨가되면 평형은 NO_2를 없애는 방향, 즉 정반응($\rightarrow$)으로 이동한다. 반대로 N_2O_4가 첨가되면 평형은 N_2O_4를 없애는 방향, 즉 역반응($\leftarrow$)으로 이동한다.
- 온도가 상승하면 평형은 온도를 떨어뜨리는 흡열 반응, 즉 역반응($\leftarrow$)으로 이동한다. 반대로 온도가 하강하면 평형은 온도를 높이려는 발열 반응, 즉 정반응($\rightarrow$)으로 이동한다.
- 압력이 높아지면 평형은 분자 개수를 줄이는 방향, 즉 정반응($\rightarrow$)으로 이동한다. 반대로 압력이 낮아지면 평형은 분자 개수를 늘리는 방향, 즉 역반응($\leftarrow$)으로 이동한다.
- 촉매 첨가는 평형에 아무런 영향을 주지 못한다.

076

아스파탐 $C_{14}H_{18}N_2O_5$

합성 인공감미료의 시작

단맛을 창조하다

포도당을 생명 활동의 원료로 사용하는 생명체라면 설탕의 단맛을 탐닉해 마지않는다.[61] 하지만 건강상 해로움 때문에, 사람들은 설탕을 대체하면서도 단맛을 내는 감미료를 찾게 되었다. 여기에는 경제적인 이유도 한몫했는데, 설탕은 사탕수수나 사탕무 농업에서 얻을 수 있는 재료로서 그 값이 결코 싸지 않고, 한 해의 작황과 운임, 환율 등에 따른 가격 변동성이 매우 크기 때문이다. 그러니 대량생산이 가능하여 싼값에 안정적으로 공급 가능한 인공감미료를 개발한다면 식품 산업은 큰 이익을 얻을 것이 뻔했다.

최초의 인공감미료인 아스파탐aspartame 은 미국의 화학자 제임스 슐래터James Schlatter 에 의해 우연히 발견되었는데, 화학적으로는 아미노산의 일종인 아스파르트산aspartic acid 과 페닐알라닌phenylalanine 이 아마이드 결합(—CONH—)으로 연결된 분자의 유도체다. 아스파르트산은 신맛이 나고 페닐알라닌은 쓴맛이 나는데, 희한하게도 둘이 결합된 아스파탐은 설탕보다 200배 더 달콤한 맛이 난다. 또한 아스파탐의 단맛

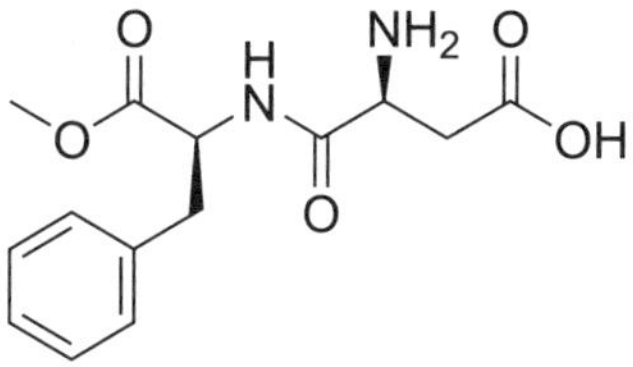

은 설탕의 단맛과 질적으로 큰 차이가 없어 후에 개발된 다른 감미료에 비해 특유의 뒷맛이 적다. 물론 그 미묘한 차이마저도 줄이기 위해 여러 종의 인공감미료를 적절히 배합하는 것이 일반적이다.

감미료의 두 얼굴

2020년대부터 전 세계는 제로_{zero} 열풍에 휩싸여 있다. 설탕 대신 감미료를 첨가하여 혈당 문제와 과도한 열량 섭취 문제를 해결하자는 것이다. 그래서 아스파탐은 시판 중인 웬만한 무설탕 탄산음료에 포함되어 있다. 이렇게 감미료를 쓰면 당뇨병이 있는 사람들도 부담 없이 제품을 소비할 수 있고, 상대적으로 싼 값에 비슷한 수준의 단맛을 낼 수 있다는 장점이 있다. 실제로 막걸리나 소주와 같은 저가 주류에도 아스파탐이 감미료로서 포함되어 있다.

감미료가 인체에 해를 주지는 않을지 걱정하는 목소리는 1970년대부터 있었다. 미국식품의약국 FDA를 포함한 전 세계의 내로라하는 식품 안전 관련 기구에서 아스파탐이 인체에 끼치는 악영향에 대해 조사했는데, 우려와는 달리 큰 문제를 야기하지 않는 것으로 결론이 났다. 2023년 세계보건기구 WHO 산하 국제암연구소 IARC는 아스파탐을 '발암물질 2B군'으로 분류하고 일일 섭취량 한도를 40mg/kg으로 정했지만,[2] 이 발암성 분류는 특정 물질이 암을 유발할 가능성을 나타낼 뿐, 해당 물질을 섭취한다고 해서 반드시 암에 걸린다는 의미는 아니다. 무엇보다도 한국인의 아스파탐 섭취량은 WHO의 허용량에 한참 못 미치므로 크게 걱정할 필요는 없다.

하지만 아스파탐을 포함한 인공 감미료의 과다한 섭취가 전혀 예상치 못한 부분에서 문제를 야기할 가능성도 있다.[3,4] 물론 아스파탐의 악영향에 대한 학계의 의견은 엇갈리는지라 이는 좀 더 오랜 시간을 두고 연구가 진행되어야 할 것이다. 하지만 단맛이든 무엇이든 과도하게 탐닉하는 것은 좋지 않다. 과유불급이라 하지 않았던가?

077

아질산 소듐 NaNO₂

더 맛있게 보이는 고기와 생선

안심하고 먹을 수 있는 고기

사람들이 탐닉하는 식재료 중에 고기가 빠질 수 없는데, 인체를 구성하는 주요성분 중 하나인 단백질이 고기에 풍부하기 때문이다. 그런데 가축으로부터 얻은 고기가 밥상에 오르는 과정을 생각해 보자. 위생적 도축, 급냉동, 신속한 유통, 되도록이면 빠른 섭취. 이 모든 것들이 제대로 지켜지지 않으면 고기에서 부패가 시작되면서 악취가 나고 표면에 점액이 생겨 못 먹게 된다. 그래서 옛날에는 도축장 근처에서 갓 얻은 생고기가 아니고서는 안심하고 고기를 먹을 수 없었다.

하지만 고기에 대한 사람들의 사랑은 예나 지금이나 지극했기에, 고기의 유통기한을 늘리기 위해 갖가지 방법이 고안되었다. 그중 고기를 소금에 절여 미생물이 못 살게 만드는 염장鹽藏이 대표적이다. 전통적으로 고기를 소금에 절일 때 질산 포타슘(KNO₃)을 같이 넣곤 했는데, 이는 질산염nitrate 이 식중독을 일으키는 세균의 번식을 막아 고기의 보존 기간을 획기적으로 늘려주었기 때문이었다. 게다가 보통 익은 고기는 회갈색을 띠는데, 질산염은 근육 내 혈색소인 미오글로빈

myoglobin과 반응하여 붉은색을 낸다. 이는 생고기의 신선함이 느껴지는 색이라서 많은 사람들이 염장 시 KNO_3을 넣는 것을 선호했다.

그런데 훗날 염장된 고기의 방부제 및 발색제 역할을 하는 근본적인 화학물질이 질산염이 아닌, 산소(O)가 하나 부족한 아질산염 nitrite 이라는 것이 밝혀졌다. 그래서 현대 식품공업에서는 가공육 제품에 질산 포타슘(KNO_3)이 아니라 아질산 소듐 sodium nitrite ($NaNO_2$)을 소금에 섞어 집어넣는다.

끊임없는 안전 논란

시중에 유통되는 가공육 제품 중 아질산 소듐이 들어가지 않은 제품은 별로 없다. 아질산염이 포함되지 않으면 유통 과정에서 부패되기 십상이며, 설사 부패되지 않는다 하더라도 사람들의 입맛을 떨어뜨릴 만한 회갈색을 띠기 때문에 잘 팔리지도 않게 된다. 놀라운 점은, 아질산염이 고기에 많이 들어있지 않더라도 충분한 방부 및 발색 효과를 낸다는 것이다. 예를 들어 가공육의 대표격인 스팸 SPAM 의 경우, 200g짜리 캔 하나에 들어 있는 아질산 소듐의 양은 3.2mg에 불과하다.

사실 아질산염은 가공육 제품에만 있는 것이 아니라 시금치나 샐러리와 같은 채소에도 많이 들어 있고, 인체의 소화 과정에서 발생하기도 한다.[5] 하지만 건강에 좋을 리 없다는 인식이 팽배하여 가공육 제품에 항상 들어가는 아질산 소듐에 대한 인체 유해성 논란은 끊이지 않았다. 실제로 아질산 소듐을 너무 많이 먹으면 사망에 이를 수 있다. 게다가 아질산 소듐이 조리되는 과정에서 생성되는 나이트로 사민 nitrosamine 은 확실한 발암물질이기도 하다. 그래서 세계보건기구 WHO 산하 국제암연구소 IARC는 하루에 체중 1kg당 0.07mg의 아질산 소듐 허용 섭취량을 정해 놓았다. 아질산 소듐의 부작용이 걱정된다면 이것을 기준으로 삼아 가공육 제품의 섭취량을 조절하면 될 것이다.

아세틸살리실산 $C_9H_8O_4$

만인의 해열진통제

열을 내리는 버드나무

마케도니아 왕국의 판도를 인도 북부까지 넓혀 거대한 헬레니즘 제국을 이룬 알렉산드로스 대왕Ἀλέξανδρος ὁ Μέγας은 기원전 323년, 32세의 젊은 나이에 정복 전쟁 도중 목숨을 잃었다. 죽기 전 알렉산드로스는 고열에 시달렸다고 하는데, 당시 의사들의 처방은 찬물로 씻으라는 것이었다. 현대 학자들은 알렉산드로스가 당시 말라리아에 감염됐을 것이라고 추측하는데, 냉수 목욕만으로 말라리아에 의한 고열을 이겨낼 수는 없었을 것이다.

재미있게도 열을 효과적으로 내리는 방법은 그의 재위 시절보다 1,000년은 족히 더 거슬러 올라간 기원전 1500년경에 쓰인 이집트의 파피루스에서 발견된다. 현존하는 파피루스 중 가장 유명한 의학서인 《에베르스 파피루스Ebers Papyrus》에 따르면 고대 이집트 사람들은 버드나무 잎으로 열을 다스렸다고 한다. 이 치료법은 고대인들의 민간요법으로만 남기에는 효과가 꽤나 좋았던 모양인지 코로나19가 한창 기승을 부리던 2022년, 북한은 코로나19 감염증세를 다스리기 위해 버드나무 잎을 우려먹으라고 권할 정도였다.[6] 물론 만성적인 식품 및 의약품 부족, 그리고 허술하기 짝이 없는 방역 체계를 가진 북한 권력층의 궁여지책이었음은 두말할 필요도 없다.

아스피린의 탄생

민간요법으로 그칠 뻔한 버드나무의 해열 및 진통 능력이 학계의 주목을 받게 된 건 영국의 성공회 성직자 에드워드 스톤Edward Stone 의 공이었다. 축축한 땅에서 자라는 버드나무가 습지에서 자주 발생하는 열병을 치유할 수 있을 것이라는, 현대인들의 사고로는 다소 과학적이지 못한 동기를 가지고 장장 5년간 임상 실험을 진행한 스톤은 버드나무 껍질이 열병을 다스리는 데 정말로 효과가 있다는 사실을 1763년 영국왕립학회에 보고한다.[7] 그리고 1828년 독일의 약리학자 요한 부흐너Johann Buchner 가 해열 작용을 하는 유기화합물인 살리신salicin 을 버드나무 껍질로부터 분리하는 데 성공하고, 이탈리아의 화학자인 라파엘레 피리아Raffaele Piria 는 살리신으로부터 포도당을 제거한 살리실산salicylic acid 을 얻어냄으로써 버드나무 껍질의 약효가 세상에 제대로 알려졌다.

그런데 문제는 살리실산을 복용하는 경우 구토, 설사, 어지럼증의 부작용이 있었고, 과다 복용하면 복통에 심하면 사망에까지 이를 수 있다는 점이었다. 이에 독일의 제약 회사 바이엘Bayer은 살리실산의 아세틸화 유도체인 아세틸살리실산acetylsalicylic acid이 대안이 될 수 있을 것이라 보았고, 1897년 살리실산을 아세트산(CH_3COOH)과 에스터화 반응을 시켜 순도 높은 아세틸살리실산을 효과적으로 만드는 데 성공했다. 회사는 아세틸의 첫 글자인 a, 살리실산을 일컫는 다른 독일어 이름인 슈피르조이레Spirsäure의 첫 네 글자인 'spir', 그리고 화합물 접미사인 '-in'을 합쳐 아스피린aspirin이라는 제품명으로 아세틸살리실산 해열진통제를 판매했다. 그리고 모두가 다 알다시피 아스피린은 해열진통제의 대명사가 되어 100년 넘게 전 세계 사람들의 사랑을 받았다.

그런데 아세틸살리실산의 약리 작용에 대한 이해는 1971년에야 이뤄졌다. 복용한 아세틸살리실산이 통증을 전달하고 염증을 유발하는 체내 프로스타글란딘prostaglandin의 합성을 저해하기 때문이라는 사실이 영국의 약리학자 존 베인John Vane에 의해 알려진 것이다. 베인은 1982년, 프로스타글란딘을 연구한 스웨덴의 다른 두 과학자와 함께 노벨 생리의학상을 받았다.

079

벤질페니실린 $C_{16}H_{18}N_2O_4S$

수많은 사람을 살리게 된 우연

평균 수명과 세균성 질병

국제연합 UN에 따르면, 2024년 우리나라의 평균 수명은 84.1세로 세계 평균(73.4세)을 크게 상회하는데, 1960년대만 해도 대한민국 평균수명이 52세 정도에 그쳤던 것을 생각해 보면 예전에 비해 많은 사람들이 장수를 누린다. 이는 경제 발전에 따른 영양 상태의 개선과 의료 서비스의 발전, 그리고 사회 보장 제도 확충 덕분이다. 사람들은 평균 수명을 크게 낮추는 각종 질병의 위협을 이겨냈고, 건강한 삶을 오랫동안 지속할 수 있게 되었다.

과거에는 질병이 나쁜 공기 때문에 발생한다고 생각했다. 그러나 17세기 후반 네덜란드 미생물학자 안토니 판 레이우엔훅Antonie van Leeuwenhoek 이 현미경을 통해 미생물을 관찰하고, 프랑스 생화학자 루이 파스퇴르Louis Pasteur 등의 연구에 힘입어, 질병은 세포의 정상 활동을 방해하는 세균과 같은 유기체의 침입에서 비롯된다는 것이 정설로 받아들여졌다. 외부 분자의 침입에 대항하고 항상성을 유지하기 위해 우리 몸은 면역 체계를 가동하지만, 언제나 우리가 이기는 것은 아니

다. 그래서 질병 극복을 돕기 위해 외부 물질을 우리 몸에 투입하는 것
이 개발되었으니 바로 약藥이다.

최초의 항생제

영국 의사 알렉산더 플레밍Alexander Fleming은 어느날 자연계에서 흔히
볼 수 있는 병원체인 포도상구균Staphylococcus을 페트리 접시 위에 배양
하고 있었는데, 실수로 뚜껑을 덮지 않고 밖에 그대로 놔둔 채 여름휴
가를 떠났다. 휴가를 마치고 연구실로 돌아온 플레밍은 접시 안에 푸
른곰팡이Penicillium notatum가 집단을 이루며 서식한다는 사실을 알게 되
었는데, 놀랍게도 곰팡이 군락 주변에는 포도상구균이 얼씬도 하지 못
했다. 플레밍은 곰팡이가 방출하는 어떤 물질이 세균의 성장을 강력하
게 억제하고 있다고 생각했다. 이 물질에 페니실린penicillin이라는 이름
을 붙인 플레밍은 실험 결과를 1929년 학회지에 발표한다.[8]

　하지만 페니실린이 발견 직후부터 수많은 환자를 구할 약물로 사용
된 것은 아니었다. 플레밍은 푸른곰팡이가 어떤 물질을 내보낸다는 것
을 확인했을 뿐, 그 성분을 치료에 적합한 형태로 개발한 것은 아니었
기 때문이다. 가장 중요한 문제는 사람들이 사용할 수 있을 정도로 순

수하게 정제된 대량의 유효 성분을 얻어내는 것이었다. 여기에는 옥스포드 대학의 하워드 플로리Howard Florey 와 언스트 체인Ernst Chain 의 공이 컸다. 그들은 학교 내에 페니실린을 대량생산하는 시스템을 구축했고, 1940년에는 그렇게 만든 페니실린을 인체에 직접 주입함으로써 페니실린이 세균 감염에 의한 질병을 다스리는 데 도움을 준다는 사실을 확인하였다. 그리고 페니실린은 마침 발발한 제2차 세계대전의 참혹한 전장에서 각종 감염으로 죽어가던 사람들을 구한 위대한 의약품으로 자리매김했다.

　페니실린이라고 불리는 분자는 여럿 있는데, 플레밍이 처음 얻은 페니실린은 분자구조 끝에 벤젠고리가 달려 있는 벤질페니실린benzylpenicillin 으로 페니실린 G라고도 불린다. 어느 페니실린이나 베타락탐β-lactam 고리라는 구조를 가지는데, 이 구조가 세균의 세포벽을 구성하는 물질의 합성을 방해하기 때문에 세균은 성장하지 못하고 사멸한다. 이처럼 세균의 생장을 저해하여 질병을 치료하는 약물을 항생제antibiotics 라고 부르는데, 페니실린은 최초의 항생제로서 수많은 사람들의 목숨을 구했기에 플레밍과 플로리, 체인은 1945년에 노벨 생리의학상을 수상하는 영예를 안았다.

080

모베인 B $C_{27}H_{25}N_4^+$

유럽을 매료시킨 자주색 합성 염료

고귀한 자줏빛 태생

과거 지중해 동부 지역 페니키아Phoenicia의 염료업자들은 뿔고둥의 점액을 모아 비밀에 부쳐진 복잡한 공정을 통해 자줏빛 염료 분자를 생산하는 데 성공했다. 하지만 이 과정은 엄청난 악취를 동반하는 데다 1만 2,000마리의 뿔고둥으로부터 고작 1.4g 정도밖에 얻어내지 못할 정도로 생산성이 극히 낮은 중노동이었다.[9] 하지만 고생 끝에 얻은 이 염료의 자줏빛은 지중해 근방 지체 높으신 분들의 넋을 나가게 할 정도로 매력적이었다. 생산되던 지역인 티레Tyre의 이름을 따 티리언 퍼플Tyrian purple이라고 불린 자색 염료의 가격은 같은 무게의 금보다 세 배 이상 비쌌다고 하니, 티리언 퍼플이 당시 지중해 세계에서 얼마나 인기가 있었는지 짐작할 수 있다.

그런데 누구나 사서 쓸 수 있는 물건은 명품이 될 수 없는 법이다. 비싼 염료에 계급적 가치를 부여하고자 했던 로마의 귀족들은 사치금지법을 제정하여 티리언 퍼플의 사용에 제한을 두었는데, 이후 동로마 제국에서는 오직 황제와 그 가족들만이 이 염료를 쓸 수 있었다. 황후가 자주색을 뜻하는 '포르피라πορφύρα'라는 이름의 전용 공간에서 아이를 낳았기 때문에, 재위 중인 동로마 황제의 아들은 '자줏빛 출생born to the purple'이라는 의미의 고전 그리스어 '포르피로예니토스Πορφυρογέννητος'라고 불리곤 했다(딸은 포르피로예니티 Πορφυρογέννητη). 그만큼 티리언 퍼플의 자주색은 고귀한 색의 대명사였다.

말라리아 약 대신 얻은 자주색 염료

윌리엄 퍼킨William Perkin은 영국에서 활동하고 있었던 독일 화학자 아우구스트 폰 호프만August von Hofmann의 조수로서, 석탄으로부터 얻을 수 있는 끈적한 검은 액체인 콜타르coal tar로부터 말라리아 치료제인 퀴닌quinine을 합성하는 연구에 참여하고 있었다. 그는 콜타르에서 추출한 아닐린aniline이라는 염기성 유기화합물을 다루고 있었는데, 1856년 6월의 어느 날 아닐린을 중크로뮴산 포타슘($K_2Cr_2O_7$)으로 산화하는 실험을 하다가 우연히 아름다운 자줏빛을 띠는 염료 분자가 만들어진 것을 알게 되었다.

심상치 않은 발견이라는 것을 알아차린 퍼킨은 주변의 제안에 따라 견직물을 자줏빛으로 염색한 뒤 회사에 보냈는데, 반응은 매우 긍정적이었다. 퍼킨은 그해 8월에 자줏빛 염료 합성에 대한 특허를 출원하였고, 염료의 이름은 보라색 꽃을 피우는 아욱을 일컫는 프랑스어 이름 모브mauve에서 딴 모베인mauveine이라 하였다. 얼마 지나지 않아 세계 최초로 합성된 자줏빛 염료인 모베인으로 염색된 직물들이 대량생산되었다. 그리고 반응은 가히 폭발적이었다. 자주색은 오직 고대 엘리트만이 사용할 수 있었던 색깔이었기 때문에 유럽 왕실과 귀족들은 앞다투어 모베인으로 염색된 옷을 둘렀다. 이 중에는 대영 제국의 전성기를 상징하던 빅토리아Victoria 여왕, 그리고 동시대 프랑스 제국의 황후였던 외제니Eugénie 황후도 포함되어 있었다.

모베인은 하나의 단일한 분자가 아니라 아닐린과 톨루이딘toluidine이 결합되어 있는 기본 구조를 가지면서 자줏빛을 띠는 여러 분자들을 아울러 부르는 이름이다. 퍼킨이 살던 시대에는 화학 분석이 지금처럼 정밀하지 못했기 때문에, 퍼킨은 모베인의 화학식이 $C_{27}H_{25}N_4^+$라고 했다가 $C_{26}H_{23}N_4^+$라고 수정하기도 했다. 1994년 핵자기공명nuclear magnetic resonance(NMR) 분석을 통해 모베인의 화학구조가 명확히 규명되었고,[10] 앞의 구조는 모베인 B, 뒤의 구조는 모베인 A라고 구별해서 부르게 되었다.

081

프러시안 블루 $Fe_4[Fe(CN)_6]_3$

유럽을 매료시킨 푸른빛의 합성 안료

바다를 건너온 물감

인디고와 모베인은 용매에 용해시켜 염색이 가능한 유기화합물인 염료다.[73·80] 하지만 색을 입힐 때 쓰는 재료에는 용해가 불가능한 안료顔料, pigment 도 있다. 안료는 금속 염 형태의 무기화합물로 보통 매체에 분산시켜 사용하는데, 대표적으로 물감에 섞어 색을 내는 현색제顯色劑 로 안료가 널리 쓰인다. 햇빛이나 공기 중 산소에 의해 변형되는 유기화합물인 염료에 비해 돌가루나 다름없는 안료는 훨씬 안정적으로 색깔을 유지하기 때문이다.

고대로부터 근대에 이르기까지 수많은 화가들이 가지고 싶었던 물감은 다름 아닌 파란색 물감이었다. 주변에 노란색, 붉은색, 검은색 돌가루는 흔한 편이었지만, 선명한 파란색을 띤 돌가루는 흔하지 않았기 때문이다. 오직 지금의 아프가니스탄 지역에서 채굴되던 파란색 돌, 청금석靑金石, lapis lazuli 만이 청색 안료에 목말라하던 유럽 예술가들을 만족시켜 줄 수 있었으나, 수요에 비해 공급은 턱없이 부족했다. 이 귀중한 청색 안료는 지중해를 건너와야 했기 때문에 '~너머'를 의미하는

'ultra'와 바다를 의미하는 'marine'을 합쳐 울트라마린ultramarine 이라 불렸으며, 울트라마린 청색 안료는 같은 무게의 금보다도 비쌌다.•

코치닐 대신 얻은 파란색 안료

베를린에서 염료를 제조해서 팔던 요한 디스바흐Johann Diesbach 라는 사람이 있었다. 그는 코치닐cochineal 이라는 빨간 염료를 만드는 장인이었는데, 당시 쓰이던 방식은 연지벌레 시체를 잘 말린 뒤 명반과 황산 철($FeSO_4$), 그리고 포타시potash 라고 불리는 탄산 포타슘(K_2CO_3) 화합물을 섞어 염료를 추출하는 것이었다. 그런데 어느 날 그가 사용하던 포타시가 동이 나는 바람에 동료에게서 빌려 썼다. 문제는 빌린 포타시를 넣고 염료를 추출하자 원래 기대한 빨간색이 아닌 의뭉스러운 보랏빛이 나타난 것이었다. 나중에 알게 된 사실이지만 빌린 포타시에는 철(Fe) 불순물이 섞여 있었고 이 불순물이 반응하면서 진한 파란색 침전을 만든 것이었다. 디스바흐는 합성법을 철저히 비밀로 해둔 채 우연히 만들어진 파란색 안료를 대량으로 만들어 시장에 내다 팔기 시작했다. 당시 베를린은 프로이센 왕국의 지배를 받고 있었으므로 이 파란색 안료에는 프로이센의 파란색이라는 뜻인 프러시안 블루Prussian blue 라는 이름이 붙었다. 시장의 반응은 폭발적이었다. 값비싼 울트라마린에 신음하던 전 유럽의 예술가들과 염색업자들은 선명한 색을 내면서도 구하기 쉬운 프러시안 블루를 구하느라 혈안이 되었고, 덩달아 안료를 만들어 팔던 이들은 돈방석에 앉게 되었다.

비밀에 감춰진 프러시안 블루의 합성법은 1724년 영국의 화학자

존 우드워드John Woodward 에 의해 온 세상에 알려지게 되었다.[11] 그러나 프러시안 블루가 어떤 화학 조성을 가진 무기화합물인지는 1811년 프랑스 화학자 조제프 게이뤼삭Joseph Gay-Lussac 이 프러시안 블루를 가열해 얻은 사이안화 수소(HCN)를 분석한 논문을 통해 비로소 확인되었다. 그리고 프러시안 블루의 결합 구조는 X선의 회절을 이용한 분석법X-ray diffraction(XRD) analysis 을 동원한 결과, 최초로 합성된 지 무려 270여 년이 지난 1977년에야 확정되었다.[12]

<hr>

• 이렇게 비싼 청금색 물감은 함부로 쓸 수 없었고, 종교화에서 특히 성모 마리아의 옷을 묘사할 때 제한적으로 쓰이는 것이 전부였다.

082

베이클라이트 $(C_6H_6O \cdot CH_2O)_n$

최초의 플라스틱

플라스틱의 의미

플라스틱이라는 단어는 고전 그리스어 '플라스티코스πλαστικός'에서 온 말로 성형成形이 가능하다는 뜻을 가지고 있다. 즉, 돌처럼 그 형태가 언제까지나 유지되는 것이 아닌, 어떤 조건에 따라 흐물거리게 되었다가 다시 딱딱하게 굳을 수 있는 가변적인 물성을 가지는 것을 의미한다. 대체로 고분자 물질들이 이러한 특성을 보이므로, 흔히 플라스틱은 고분자와 동일하게 취급되곤 하지만 플라스틱은 과학적 용어라기보다는 그러한 물성을 가진 물질들을 아우르는 넓은 개념의 실생활 용어라고 할 수 있다.

자연계에 존재하는 고분자들도 플라스틱의 일종으로 본다면 이미 인류는 오래전부터 다양한 형태의 플라스틱을 사용했다. 고대로부터 보석으로 취급된 호박琥珀, amber, 아메리카의 원주민들이 옛날부터 씹어왔던 고무 역시 플라스틱 물질로 간주할 수 있다. 하지만 통상적으로 이렇게 자연계에서 유래한 수지樹脂, resin를 플라스틱이라 부르지는 않는데, 보통 플라스틱은 산업적 생산품과 밀접한 연관을 가지고 있다고 생각하기 때문이다. 따라서 어떤 물질이 플라스틱이라고 불리려면 사람의 손에 의해 일정 부분 인위적으로 합성되어야 한다는 암묵적인 동의가 있으며, 그래서 플라스틱을 합성수지 synthetic resin 라고도 부른다.

합성 수지의 탄생

이런 관점에서 최초의 플라스틱은 바로 1907년, 벨기에 태생의 미국 과학자인 리오 베이클랜드 Leo Baekeland 가 개발한 베이클라이트 bakelite 다. 사실 그의 발견은 독일 과학자 아돌프 폰 바이어 Adolf von Baeyer 가 쓴 논문으로부터 비롯되었다. 폰 바이어가 논문에서 페놀(C_6H_5OH)과 폼알데하이드($HCHO$)를 섞었더니 웬 녹지 않는 단단한 물질이 형성되는 바람에 실험 기구들을 온통 못 쓰게 되었다고 보고했던 것인데, 이를 달리 표현하자면 페놀과 폼알데하이드가 중합되어 굳은 것이라고 할 수 있다.

그런데 이 반응의 결과물은 셀룰로스나 알진산과 같은 선형 고분자가 아니다.[27, 29] 선형 고분자 중합의 경우, 단량체는 마치 팔이 두 개가 달린 몸과 같으며 이웃한 단량체들이 직선 방향으로 길게 결합하여 사슬 형태의 구조를 가진 고분자를 만든다. 그러나 페놀은 팔이 셋 달린 몸과 같다. 이렇게 결합수가 셋 이상인 단량체가 중합에 포함되는 경우, 그물 형태의 구조를 가진 고분자가 만들어진다. 사슬 형태의 고분자는 가열하면 녹아내리면서 재성형이 가능한 형태로 바뀌는데, 이를 열가소성 수지thermoplastic 라 부른다. 반면, 그물 형태의 고분자는 가열해도 구조의 특성상 흐름성을 갖지 못해 재성형이 불가능한데, 이를 열경화성 수지thermoset 라 부른다. 따라서 베이클라이트는 결합수가 셋 이상인 단량체가 중합에 참여하여 가교된 최초의 합성 열경화성수지인 셈이다.

베이클랜드는 베이클라이트 연구를 계속 진행했고, 1910년부터는 180L 정도의 베이클라이트를 생산할 수 있는 작은 산업 시설을 본격적으로 가동했다. 다양한 형태로 제조 가능한 베이클라이트는 다른 천연수지에 비해 훨씬 단단했을 뿐만 아니라, 더욱 저렴한 가격에 대량 생산할 수 있었고, 시장에 쏟아져 나온 다양한 베이클라이트 기반 제품들은 차츰 금속 및 목재 제품들을 대체하기에 이르렀다. 플라스틱 시대의 서막이 오른 것이다.

083

메틸 고무 $(C_6H_{10})_n$

최초의 합성고무

고무가 필요한 독일

고무는 고무나무에 상처를 냈을 때 나오는 수액을 굳혀 얻는 천연수지다. 고무나무의 자생지인 중남미의 원주민들은 예전부터 고무를 사용해 왔다. 신대륙 진출 후 고무를 접한 유럽 사람들은 이 신기한 물질이 탄성이 뛰어나고 잘 찢어지지 않는 데다 방수성이 우수하다는 것은 알았지만, 온도가 조금이라도 올라가면 흐물거리며 형태를 유지하지 못하기에 산업적으로 사용될 수는 없다고 생각했다.

이 비관론을 완전히 바꿔놓은 사람이 미국의 발명가인 찰스 굿이어Charles Goodyear 였다. 한평생 고무 연구에 매달렸던 굿이어는 고무에 황(S)을 섞는 실험을 하던 도중 난로 위에 고무 덩어리를 떨어뜨렸는데, 놀랍게도 S가 첨가된 고무는 뜨거운 난로 위에서 녹지 않고 약간 그슬리기만 했다. 이처럼 S를 첨가하는 가황加黃, vulcanization 공정이 고무의 열적 안정성과 기계적 강도를 크게 높인다는 것이 알려지면서 고무의 산업적 유용성은 뒤늦게 빛을 보게 되었다.•

그런데 고무는 고무나무가 자랄 수 있는 열대 지역에서만 대량으로 얻을 수 있었다. 영국과 프랑스를 비롯한 유럽 열강들은 아프리카와 아시아의 식민지에 건설한 대규모의 고무나무 플랜테이션에서 생산한 고무를 활용할 수 있었지만, 식민지 건설에 비교적 소극적이었던 독일은 천연고무 공급에 애로 사항이 많았다.

합성 고무의 탄생과 전쟁

독일의 바이엘 Bayer 사는 고무를 합성해 내는 사람에게 당시 근로자가 15년 동안 일해야 벌 수 있는 급여 수준인 2만 마르크의 상금을 수여한다는 공고를 냈다. 그리고 이 공모전에서 우승한 사람은 독일의 화학자 프리츠 호프만 Fritz Hofmann 이었다. 그는 천연고무의 단량체인 아이소프렌 isoprene 에 메틸기($-CH_3$)가 추가된 다이메틸뷰타다이엔 dimethylbutadiene 을 반응시켜 인공적으로 고무를 합성하는 데 성공했다. 원료는 흔하게 생산 가능한 유기용매인 아세톤으로부터 만들 수 있었으므로, 고무나무 생산지를 식민지로 가지지 못한 독일도 강력한 화학공업을 기반으로 고무를 국내에서 쉽게 만들 수 있었다. 호프만은 세계 최초의 합성고무가 천연고무에 메틸기가 하나 추가된 구조라는 점을 들어 메틸 고무 methyl rubber 라는 이름을 붙였다.

애석하게도 메틸 고무는 공기 중에서 쉽게 산화되어 고무의 장점을 금방 잃는 단점이 있었다. 마땅히 좀 더 나은 물성을 가진 합성고무를 개발하는 것이 다음 수순이었겠지만, 문제는 1914년 사라예보 Sarajevo 에서 오스트리아–헝가리 제국의 프란츠 페르디난트 Franz Ferdinand 대공 부부가 암살되면서 독일이 제1차 세계대전에 휘말렸다는 것이었다.

세계 고무 시장을 석권하고 있던 영국은 바로 독일에 대한 고무 금수 조치를 단행했고, 타이어·통신장비·방독면 등의 장비에 널리 쓰이는 고무의 공급이 끊기자 독일의 전쟁 수행 능력은 큰 타격을 받았다. 울며 겨자 먹기로 독일은 메틸 고무에 매달리지만, 우리는 첫 세계대전의 결과가 독일을 포함한 동맹국의 패배로 끝났음을 알고 있다. 열악한 메틸 고무의 물성이 패전에 기여했다고도 볼 수 있겠다.

이 때문인지 제1차 세계대전이 끝난 이후 전 세계적으로 고무 합성 화학이 크게 발전했다. 열대 식물인 고무나무를 키울 수 없는 러시아 화학자 세르게이 레베데프Сергей Лебедев 는 뷰타다이엔butadiene 으로부터 합성고무를 만들었고, 미국 화학자 월러스 캐러더스Wallace Carothers 는 클로로프렌chloroprene 으로부터 합성 고무를 만들었다. 무엇보다도 패전국으로서 엄청난 치욕을 겪어야 했던 독일은 두 번 다시 실패를 겪지 않기 위해 합성 고무 개발에 열을 올렸다. 전쟁 직후 주요 화학 회사들을 합병시켜 탄생한 IG 파르벤IG Farben 의 화학자들이 주축이 되어 레베데프의 합성고무를 개량한 부나Buna 고무를 합성했고, 여기에 스타이렌styrene 이라는 분자를 첨가한 부나-S 고무, 아크릴로나이트릴acrylonitrile 을 첨가한 부나-N 고무를 만들어 내는 데 성공한다.

• 이는 고무를 구성하는 고분자 사슬 사이에 황에 의한 다리가 놓여 그물형 구조가 만들어지기 때문인데, 이를 가교crosslinking 이라고 한다. 물론 당시 화학구조 변화에 대한 이해는 전무했다.

나일론 $(C_{12}H_{22}N_2O_2)_n$

최초의 합성섬유

고분자 화학의 발전

플라스틱과 고무에 대한 이해가 쌓이면서 화학자들은 간단한 분자들이 서로 결합하면서 거대한 무언가를 만든다는 것을 알아차렸지만, 공유결합을 통해 몰당 수백만 g에 가까운 거대한 분자량의 분자가 만들어질 것이라고는 상상하지 못했다. 독일의 화학자 헤르만 슈타우딩거 Hermann Staudinger 는 1920년에 학계 최초로 중합 polymerization 이라는 개념을 소개한 고분자화학의 선구자였으나[13], 기존 유기화학계는 냉소적인 반응을 보였다. 노벨 화학상 수상자이기도 한 독일의 화학자 하인리히 빌란트 Heinrich Wieland 는 슈타우딩거에게 이런 편지를 쓰기도 했다.

"이보시오, 거대한 분자에 대한 생각은 내려놓으시오. 분자량이 5,000이 넘는 유기 분자란 존재할 수 없다오. 당신이 얻은 고무 같은 물질을 잘 정제하다 보면 결정이 만들어질 것이고, 결국 작은 분자량의 유기화합물이라는 것이 밝혀지게 될 것이라오."

유럽 대륙의 화학자들이 자연에 존재하는 고분자 구조를 두고 옥신각신할 때 대서양 건너 미국에 있던 한 화학 회사는 먼 미래를 내다보고 고분자에 대한 기초 연구 계획을 수립하여 유능한 인재를 모집한다. 이 회사가 바로 혁명을 피해 신대륙으로 이주한 프랑스계 미국인이 세운 굴지의 세계적 화학 회사, 듀폰Dupont 이다. 그리고 듀폰에서 채용한 인재는 하버드 대학에서 강사로 일하고 있던 월러스 캐러더스Wallace Carothers 였다.

고분자로부터 섬유를 얻다

캐러더스는 슈타우딩거의 생각에 동의했다. 다만 그는 고분자의 구조를 이해하는 데서 그치지 않고, 기능성을 보여줄 수 있는 고분자를 화학적으로 합성하는 것에 더 관심이 있었다. 1930년 그와 그의 동료들은 두 개의 수산화기(−OH)를 가진 화합물과 두 개의 카복실기(−COOH)를 가진 화합물을 축합 중합condensation polymerization 하여 분자량이 1만 2,000 정도 되는 긴 폴리에스터polyester 를 얻는 데 성공했는데, 놀랍게도 이 폴리에스터를 뜨거운 상태에서 유리 막대로 잡아당긴 뒤 식히면 강하고도 유연한 섬유가 만들어지는 것을 발견했다. 다만 이렇게 만든 섬유는 열적 안정성이 낮고 용매에 쉽게 녹아 산업적 유용성이 떨어졌다.

고민하던 캐러더스는 수산화기 대신 아민기(−NH₂)를 가진 화합물을 집어넣고 중합해 보았다. 이렇게 해서 만들어진 폴리아마이드 polyamide는 녹는점도 무척 높은 데다가 웬만한 용매에는 잘 녹지도 않았다. 그리고 장차 석유로부터 원료를 공급받아야 한다는 통찰력을 가졌던 연구책임자 엘머 볼튼 Elmer Bolton의 주장에 따라 탄소 6개를 가진 헥사메틸렌다이아민($H_2N(CH_2)_6NH_2$)과 탄소 6개를 가진 아디프산($HOOC(CH_2)_4COOH$)을 중합시켜 얻은 폴리아마이드가 대량생산 상업 제품으로 선정되었다. 합성된 폴리아마이드는 국수 가락 뽑는 것처럼 생긴 방사放射 기기를 통과하면서 직물을 만들 수 있는 섬유인 나일론 66 Nylon 66이 되었다. 1938년, 세계 최초의 합성 섬유가 시장에 모습을 드러냈다.

반응은 놀라웠다. 질기고 잘 닳지 않는 나일론 섬유는 칫솔모 재료로 첫선을 보였지만 이내 여성용 스타킹 재료로 각광받았다. 나일론의 물성은 군용 제품으로도 제격이라서 텐트, 밧줄, 낙하산 등을 만들 때에도 널리 사용되었다. 석유 화합물로부터 대량생산이 가능하다 보니 가격도 싸서 저렴한 가격에 나일론 직물은 불티나게 팔렸다. 하지만 나일론을 만들어 낸 캐러더스는 1937년 우울증으로 인해 스스로 목숨을 끊었기에 애석하게도 자신의 합성물이 바꿔놓은 세상의 모습을 보지 못하고 말았다.

고분자 합성

단량체로부터 고분자를 중합하는 과정은 크게 두 가지로 구분할 수 있다.

첨가 중합 addition polymerization

단량체에 존재하는 이중결합이 단일결합으로 전환되면서 단량체가 연속적으로 첨가되어 고분자가 형성되는 방식이며, 단량체 구조가 고분자의 반복 구조에 그대로 나타난다. 폴리에틸렌, 폴리프로필렌, 폴리스타이렌 등 이중결합을 가진 단량체로부터 중합된 고분자들은 모두 첨가 중합으로 합성되었다.

축합 중합 condensation polymerization

단량체의 기능기가 서로 반응하여 물(H_2O)과 같은 간단한 분자를 생성함과 동시에 단량체 간 공유결합이 형성되면서 고분자가 만들어지는 방식으로, 각 단량체는 최소 두 개의 기능기를 가지고 있어야 중합이 진행될 수 있다. 예를 들어 아민기($-NH_2$)를 가진 분자와 카복실기($-COOH$)를 가진 분자가 축합 중합하면 H_2O를 내놓으면서 아마이드($-CONH-$)로 연결된 폴리아마이드 고분자가 합성될 수 있으며 나일론이 대표적이다.

085

폴리에틸렌(PE) $(C_2H_4)_n$

플라스틱 전성시대

가장 간단한 첨가중합체

고분자의 이름을 붙이는 간단한 원칙은 고분자 합성에 쓰인 단량체의 이름을 쓰고 그 앞에 고분자라는 것을 나타내는 접두사 '폴리poly'를 붙이는 것이다. 예를 들어 폴리에틸렌polyethylene (PE)은 탄소 간 이중결합(C=C)을 가진 가장 간단한 분자인 에틸렌ethylene 이 중합되어 만들어진 고분자다. 에틸렌은 소위 개시제initiator •라고 하는 외부 물질에 의해 이중결합이 단일결합(C−C)으로 풀리면서 이웃한 에틸렌 분자와 연결되는 반응이 연쇄적으로 마치 사슬이 엮이듯 결합되는데, 이를 첨가중합addition polymerization 이라고 한다. 이중결합을 가진 단량체들에게서 이러한 첨가중합이 잘 일어나며, 폴리에틸렌 외에도 폴리프로필렌(PP), 폴리스타이렌(PS) 등이 이렇게 만들어진 첨가중합체에 해당한다.

폴리에틸렌의 공업적인 생산은 1933년 영국의 에릭 포셋Eric Fawcett 과 레지날드 깁슨Reginald Gibson 의 우연한 실험 결과에서 비롯되었다. 이들은 고압 화학반응을 연구하고 있었는데, 에틸렌과 벤즈알데하이드benzaldehyde 를 고압의 용기 속에 집어넣고 가열했더니 흰색의 고분

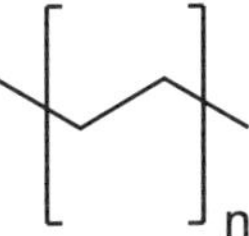

자 물질이 만들어진 것이었다. 나중에 우연히 용기 안에 들어갔던 산소 기체(O_2)가 개시제 역할을 하면서 에틸렌의 첨가중합을 유도했기 때문이라는 사실이 알려졌고, 1937년 같은 회사의 마이클 페린Michael Perrin은 합성 조건을 정밀하게 제어해서 폴리에틸렌을 대량생산하는 데 성공했다. 가벼우면서 전기 절연성이 뛰어난 폴리에틸렌은 얼마 안 있어 발발한 제2차 세계대전 수행에 쓰인 다양한 군수물자에 널리 활용되었다.

대량생산과 그 이면의 문제

PE 생산은 1953년 독일의 화학자 카를 치글러Karl Ziegler 와 이탈리아의 화학자 줄리오 나타Giulio Natta 가 개발한 타이타늄(Ti) 기반의 촉매가 쓰이면서 새로운 전기를 맞이한다. 원래 에틸렌의 첨가중합은 제어하기 힘들기 때문에 고압 하의 에틸렌 기체가 만드는 고분자 사슬은 가지치기가 많이 일어나 밀도가 낮은 폴리에틸렌, 즉 LDPE low-density polyethylene 였다. 그런데 치글러와 나타가 개발한 촉매를 사용하면 에틸렌 분자들이 선형으로 예쁘게 자라나는데, 그 결과 PE의 분자량이 매우 높아지고 고분자 사슬의 쌓임이 매우 유리해진다. 그 덕분에 고밀도의 폴리에틸렌, 즉 HDPE high-density polyethylene 가 만들어진다. 이러한 극명한 차이는 응용에서도 드러나는데 유연한 LDPE는 일회용 비닐봉지, 식품 포장용 랩에 쓰이는 데 반해, 단단한 HDPE는 배관용 파이프, 음식 용기 등에 쓰인다. 분명히 화학식은 동일하지만 고분자 구조의 제어만으로도 물성의 차이를 극단적으로 달리할 수 있는 것이다. 덕분에 폴리에틸렌의 사용량은 해가 갈수록 폭증하게 되어, 현재 전 세계의 플라스틱 생산량의 26%를 차지하고 있는 실정이다.[14]

폴리에틸렌은 화학적으로 안정해서 웬만한 화학물질에 의해 녹거나 변형되지 않는다. 하지만 이 장점은 오히려 21세기 지구의 가장 큰 문제가 되고 말았으니, 바로 버려진 폴리에틸렌이 자연적으로 분해되지 않는다는 것이었다. 땅과 바다에 무분별하게 버려진 플라스틱 쓰레기를 동물들이 먹이로 잘못 알고 먹었다가 폐사하기도 한다. 그리고 잘게 부수어진 미세 플라스틱 폐기물은 먹이사슬을 통해 최종적으로 인체에 도달하는데, 이것이 무슨 문제를 야기하는지는 아직 제대로 연구조차 되지 못했다. 폴리에틸렌을 포함한 플라스틱 물질이 우리 사회에 가져온 혜택 이면에 도사린 오염 문제는 반드시 해결해야 할 인류의 숙제다.

•　단위체가 들어 있는 매질에서, 활성 라디칼을 형성하면서 중합 반응을 일으키는 물질을 개시제라고 한다.

086

사이안화 수소 HCN

홀로코스트의 비극

프러시안 블루에서 만들어진 독극물

1782년 스웨덴 화학자 칼 셸레Karl Scheele 는 프러시안 블루에 황산을 가했을 때 물에 녹아 산성을 띠는 무색의 기체가 발생하는 것을 발견했다.[81] 셸레는 파란색 안료에서 얻은 이 물질에 '파란 산Blausäure'이라는 이름을 붙였으니, 이것이 우리말 청산靑酸 에 해당한다. 훗날 청산의 화학식이 HCN이라는 것을 밝혀낸 조제프 게이뤼삭은 이 화합물에서 관찰되는 탄소와 질소 간 삼중결합(C≡N)을 포함한 화합물을 사이안화물cyanides 이라 부를 것을 제안했는데, 이는 그리스어로 남색을 의미하는 '퀴아노스κύανος'에서 따온 말이었다.

그런데 사이안화 수소hydrogen cyanide 는 유독한 물질이다. 세계보건기구 WHO에 따르면, 사이안화 수소가 공기 $1m^3$ 중에 0.3g 정도만 퍼져 있어도 그 안에서 숨 쉬던 사람은 10분 내에 사망한다고 한다. 추후 밝혀지기로는 복숭아나 사과의 씨앗, 은행이나 아몬드 등을 많이 먹을 때 온갖 중독 증상이 나타나는 것도 체내 분해 과정에서 사이안화 수소가 발생하기 때문이었다. 특히 포타슘(K) 염의 형태인 사이안화 포타슘(KCN)은 백색의 분말로서 겉으로 봐서는 설탕이나 소금 같지만 극히 적은 양으로도 생명을 앗아갈 수 있는 맹독성의 화합물이다. 이 화합물은 일본어 명칭에서 유래한 청산가리라는 이름으로 잘 알려져 있으며, 수많은 독살 사건에 쓰인 독극물의 대명사다.

집단 학살의 비극

인류 역사상 최대 규모의 전쟁이었던 제2차 세계대전은 이전의 여느 국제전과는 구별되는 특징이 하나 있었으니 바로 대량 학살이 빈번하게 벌어졌다는 점이다. 그것도 특정 인종 집단의 씨를 말려버리는 집단 학살genocide 이 전쟁의 광풍 속에 횡행했는데, 가장 참혹하고도 널리 알려진 집단 학살은 독일의 나치Nazi 가 자행한 유대인 집단 학살일 것이다. 나치는 전쟁을 수행하는 바쁜 와중에도 점령지 전역에 수용소를 설치해 유대인들을 가뒀고, 특히 폴란드 지역에는 체계적이고도 효율적인 유대인 학살을 목적으로 여섯 개의 절멸 수용소Vernichtungslager 를 세워 운영했는데, 학자들의 연구에 따르면 대략 600만 명의 유대인들이 전쟁 기간 동안 목숨을 잃었다고 한다. 이 참혹한 비극을 홀로코스트Holocaust 라고 한다.

홀로코스트에 동원된 물건이 바로 사이안화 수소를 주성분으로 하는 치클론Zyklon 이었다. 치클론은 본래 제초제였으나, 독일이 제1차 세계대전 당시 이 제품을 화학 무기로 사용하는 바람에 전쟁 이후 사용이 금지된 바 있었다. 그러다가 1922년 치클론은 해충을 방제하는 약품으로 둔갑하여 다시 세상에 등장했고, 나치는 이 제품을 유대인을

대량 학살하는 데에도 사용한 것이다. 앞서 언급했듯이 사이안화 수소
가 밀폐된 공간에 살포되면 그 안에 갇힌 사람은 확실한 죽음을 맞이
하게 된다. 그래서 나치는 해충 구제와 목욕을 구실로 유대인들을 절
멸 수용소의 가스실에 보냈고, 가스실 문이 단단히 잠긴 뒤에는 치클
론이 투입되었다.• 가스실에 끌려간 수많은 유대인들은 사이안화 수
소 중독으로 인해 20분을 채 넘기지 못하고 모두 목숨을 잃었고, 수습
된 시체는 모두 화장되었다. 이처럼 화학의 발전과 고도로 발달한 공
업 기술이 비정상적인 사상에 경도된 권력과 결합한 결과는 산업화된
학살이었다.

• 　단, 모든 절멸 수용소에서 유대인 학살에 사이안화 수소를 사용한 것은 아니었다. 오히려 더 많은
　수의 유대인들은 일산화 탄소(CO)에 의한 질식으로 사망했다고 한다.

087

우라늄-235 ^{235}U

제2차 세계대전의 끝과 새로운 공포의 시작

맨해튼 계획의 시작

나치의 압제를 피해 미국으로 망명한 헝가리 사람들 중 실라르드 레오 Szilárd Leó 라는 이론물리학자가 있었다. 실라르드는 중성자가 불안정한 핵종과 충돌할 때 일어나는 핵분열이 더 많은 수의 중성자를 발생시키고, 이것이 핵종의 연쇄적 핵분열을 유도함으로써 결과적으로 어마어마한 에너지를 폭발적으로 발생시킬 것이라고 생각했다. 이 핵 연쇄 반응은 실라르드처럼 유대인 압제를 피해 미국으로 망명한 이탈리아의 물리학자 엔리코 페르미 Enrico Fermi 와 함께 1939년에 진행한 실험을 통해 사실인 것으로 판명났다. 이른바 원자폭탄이 만들어질 수 있는 이론적 배경이 확인된 셈이었다. 실라르드는 이 시점에서 거대한 위험성을 느꼈다. 그런 파괴적인 무기를 독일이 먼저 손에 넣게 된다면 제2차 세계대전은 연합국의 패배로 끝날 것이 자명했다. 그래서 어떻게 해서든지 미국이 먼저 원자폭탄을 개발해야 한다는 것이 실라르드의 생각이었다.

1939년 미국의 대통령 프랭클린 루즈벨트 Franklin Roosevelt 앞으로 원자폭탄 개발의 필요성을 역설하는 편지가 한 통 전달된다. 편지의 발신인은 독일 태생의 물리학자 알베르트 아인슈타인이었지만, 실제로 이 편지를 작성한 사람은 실라르드였다. 루즈벨트 대통령의 답신은 매우 긍정적이었으며, 곧 정식 허가가 떨어져 원자폭탄을 제조하는 국가적인 초거대 계획이 실행되었다. 맨해튼 계획 Manhattan project 이었다.

리틀 보이의 탄생

맨해튼 계획은 원자폭탄을 제조하기 위한 수많은 요소 기술들을 동시에 개발하는 계획이었고, 그중에는 원자폭탄의 원료가 되는 우라늄 uranium (U)과 관련된 하위계획들이 있었다. 지구상에 존재하는 우라늄의 대부분은 연쇄 핵분열을 일으키지 못하는 우라늄-238(^{238}U)이고 오직 0.72% 정도만이 연쇄 핵분열이 가능한 우리늄-235(^{235}U)였다. 따라서 소형화된 원자폭탄을 만들기 위해서는 소위 농축 과정을 통해 순도 높은 ^{235}U를 대량으로 얻어내야 했다. 맨해튼 프로젝트 과정에서 우라늄 농축을 위한 액상 열확산법, 기체 확산법, 전자기 분리법이 개발되었고, 이들 과정을 거쳐 1945년 여름에 얻은 80% 수준의 고농축 우라늄 64kg이 리틀 보이 Little Boy 라고 명명된 원자폭탄 안에 들어가게 되었다. 그리고 그해 8월 6일 오전 8시 15분, 히로시마廣島의 한 병원 상공 600m에서 인류 역사 최초의 원자폭탄이 폭발했다.

폭발의 위력은 대단했다. 폭발이 일으킨 거대한 충격파는 도시를 파괴했고, 곧 발생한 거대한 화염이 목조 건물이 즐비한 도시 전체를 맹렬히 살라버렸다. 그리고 곧이어 방사성 낙진落塵이 떨어져 도시에 남은 생명을 예외 없이 방사능 오염의 고통으로 몰아넣었다. 추산에 따르면 6만 6,000여 명의 히로시마 시민들이 폭발 당일 사망했고, 6만 9,000여 명의 사람들이 심각한 부상에 시달렸다. 맨해튼 계획 참여 과학자들 상당수는 히로시마에서 벌어진 참상을 전해 듣고 큰 충격을 받았다. 루즈벨트에게 편지를 보내 맨해튼 계획을 성사시키는 데 근공을 세운 아인슈타인과 실라르드도 예외는 아니었다.[•] 제2차 세계대전 이후 실라르드는 핵무기의 확산을 저지하는 여러 사회 운동에 참여하였다.

하지만 전쟁 이후 소련, 영국, 프랑스, 중국이 차례로 원자폭탄을 개발하는 데 성공했고, 비공식적이지만 인도와 파키스탄, 이스라엘, 북한이 원자폭탄을 보유한 것으로 알려져 있다. 원자폭탄의 가공할 만한 위력은 원자폭탄을 보유한 국가들이 섣불리 전쟁에 나서는 것을 오히려 막았고, 우리는 이렇게 핵전쟁으로 인한 공멸을 두려워해서 생긴 긴장 가득한 평화 속에서 아슬아슬하게 살고 있다. 세계대전을 단숨에 끝장낸 원자폭탄은 현재 인류 절멸의 공포로서 우리 사회와 공존하고 있다.

[•] 아인슈타인은 훗날 "내가 만약 히로시마와 나가사키의 일을 예견했었다면, 1905년에 쓴 공식을 찢어 버렸을 것이다."라고 언급했다. 여기서 말하는 공식은 질량–에너지 등가원리 공식, 즉 $E=mc^2$이다.

088

이산화 황 SO_2

대기 속 황산

석탄이 만들어 낸 산성 스모그

석탄은 각종 산업과 기술 발전에 큰 도움을 주었지만, 동시에 수많은 환경 문제를 야기했다. 영국에서는 무분별한 석탄 사용으로 인해 대중의 경각심을 불러일으킨 사건이 있었으니 바로 1952년에 있었던 런던의 그레이트 스모그Great Smog였다. 안개가 자욱했던 추운 겨울날 런던 시민들이 난방을 위해 집집마다 석탄을 때면서 굴뚝으로부터 피어오른 연기와 안개가 한데 뒤섞이면서 만들어진 스모그smog가 종일 런던 시내를 뒤덮었다. 뿌연 날씨로 악명 높은 런던이었지만 이날의 대기는 특별했다. 스모그를 들이마신 런던 시민 중 4,000명 이상이 각종 호흡기 질환으로 인해 목숨을 잃었고, 많은 사람들과 가축들이 호흡에 큰 불편을 겪었다.

이 모든 문제는 석탄 속에 숨어 있던 황(S) 화합물 때문이었다. 석탄의 근원인 양치식물이 고온과 고압의 영향을 받아 석탄으로 변형될 때, 황철석(FeS₂)이라든지 황산 소듐(Na₂SO₄), 황산 칼슘(CaSO₄)과 같은 광물도 거기에 한데 뒤섞여 있었다. 그래서 석탄에는 0.2~5%의 S이 포함되어 있다. 그래서 석탄 연소 과정 중에는 이산화 황sulfur dioxide (SO₂)도 만들어졌다.

$$S + O_2 \rightarrow SO_2$$

이산화 황은 한 번 더 산화되어 삼산화 황(SO_3)이 되는데, 이 삼산화 황은 대기 중에 존재하는 물방울에 쉽게 녹는다. 이렇게 황 산화물(SO_x)이 물에 녹아 만들어지는 것은 강산인 황산(H_2SO_4)이다.

$$SO_3 + H_2O \rightarrow H_2SO_4$$

끔찍한 사실이지만, 1952년 12월 9일에 고통 속에 신음했던 런던 시민들은 호흡 과정에서 대기 중에 짙게 퍼져 있던 H_2SO_4을 들이마신 것이었다. 호흡기에 치명적인 타격이 있었음은 두말할 필요도 없었다.

황산, 비가 되어 내리다

석탄뿐만 아니라 석유 역시 S을 일정량 포함하는데, 이는 석유의 근원인 바다 생물을 구성하는 단백질에 S을 포함한 아미노산이 존재했기 때문이다. 이처럼 무분별한 화석연료의 연소는 대기 중의 H_2SO_4 농도를 짙게 만드는 데 일조했고, 이들은 빗물에 녹아 지상으로 떨어졌다. 이를 산성비acid rain 라 부른다.

산성비는 흙을 산성화하여 식물의 생장을 어렵게 만들고 수중 생물들의 삶도 위협한다. 또한 산성비로 인해 탄산 칼슘($CaCO_3$)이 주성분인 대리석으로 만든 건축물과 각종 조각상들이 부식되는 문제도 큰 화제가 되었다. 이러한 문제를 해결하기 위해 각국 정부는 난방용 연료로서 석탄 대신 S가 적게 포함된 천연가스를 공급했고, 대체가 마땅치 않은 석유의 경우 S 함량의 한도를 설정함으로써 S를 제거하는 탈황 공정을 의무화하는 정책을 추진했다. 또한 배기가스에서 SO_x를 포집해 제거하는 공정 역시 적극적으로 도입했다.

하지만 무엇보다 중요한 것은 화석연료, 특히 석탄을 덜 사용하는 것이다. 실제로 석탄으로 인해 큰 환경 피해를 봤던 영국은 2024년 9월, 하나 남은 마지막 석탄 화력발전소의 가동을 중지함으로써 142년간 이어진 석탄 화력발전의 역사에 종지부를 찍었다.[15] 전체 전력 생산의 30~40%를 여전히 석탄에 의존하고 있는 대한민국이 궁극적으로 나아가야 할 방향일 것이다.

089

이산화 질소 NO₂

각종 대기 오염의 원흉

내연기관의 부산물

미국 캘리포니아 주 로스앤젤레스의 시민들은 1943년 여름에 발생한 심각한 스모그로 인해 호흡기 및 안구 통증에 시달렸다. 당시 사람들은 근처에 있던 뷰타다이엔butadiene 공장이 내뿜는 공해 물질 때문이라고 생각했었다. 하지만 1950년대 초에 이르러 스모그의 원인이 자동차라는 사실이 밝혀졌다. 제2차 세계대전 중 태평양 전선에 있던 미국 서부 캘리포니아에 수많은 노동자들이 모여들면서 1940년대 들어 인구와 차량 대수가 폭증한 것이 화근이었다. 그런데 자동차의 연료는 비교적 잘 정제된, 끓는점이 낮은 휘발유나 경유로 이들은 탄소(C)와 수소(H)로만 이뤄진 탄화 수소다. 이들은 연소되어 이산화 탄소(CO_2)와 물(H_2O), 가끔 불완전 연소가 되면 일산화 탄소(CO)가 나올 뿐이었다. 대체 무엇이 스모그를 일으켰단 말인가?

문제는 흡입-압축-폭발-배기의 4행정으로 돌아가는 내연기관에 있었다. 원칙상 내연기관의 연소실에서 반응하는 물질은 연료와 산소(O_2)이지만, 지구 대기 부피의 78%는 질소(N_2)이므로 연소실에 공기가 주입될 때에는 사실 N_2가 O_2보다 더 많이 들어간다. 압축 과정을 통해 높아진 압력 하에서 폭발이 일어나게 되면 평소에는 화학적 활성이 낮은 N_2도 O_2와 반응하게 된다.[23]

$$N_2 + O_2 \rightarrow 2NO$$

즉, 자동차 내연기관에서는 필연적으로 일산화 질소(NO)가 만들어진다. 그리고 일산화 질소는 다른 배기가스와 반응하면서 이산화 질소 nitrogen dioxide (NO_2)와 오산화 이질소(N_2O_5)를 만들기도 한다.

오염 물질을 만드는 빛의 화학

이들 질소 산화물(NO_x)들은 물에 녹아 질산(HNO_3)을 만들 수 있는데, 질산 역시 황산 못지않은 강산이므로 산성비를 만드는 데 일조한다. 더 큰 문제는 HNO_3이 대기 중의 또 다른 오염 물질인 암모니아(NH_3)와 반응하여 질산 암모늄(NH_4NO_3)를 만들 수 있으며, 이 과정에서 공기 중에 떠다니는 수많은 기체 분자나 미세한 입자들이 엉겨 붙는다는 것이다. 이렇게 만들어진 입자들은 공기 중에 떠다니면서 빛을 산란시키기 때문에 시야를 뿌옇게 만든다. 게다가 크기가 수 μm를 넘기지 않기 때문에 호흡 시 기관지의 여과 과정도 무시한 채 폐에 들어가 각종 건강 문제를 야기한다. 이것이 바로 그 악명높은 미세먼지 particulate matter 다.

이렇듯 이산화 질소는 그 자체로도 유해하지만, 각종 오염 물질을 2차적으로 생성하는 전구체 역할을 하기 때문에 현대 사회의 대기 오염 문제를 해결하기 위해 발생량을 낮춰야 한다. 이를 위해 대부분의 자동차에는 NO_x을 무해한 N_2와 O_2로 분해하는 촉매 변환기가 설치되어 있으며, 경유 차량의 경우 요소 수용액과 O_2를 주입하여 NO_x 발생을 방지한다. 물론 NO_x이 내연기관에서 발생하므로, 내연기관이 아예 없는 전기 자동차 혹은 수소 자동차가 이산화 질소 발생을 줄일 수 있는 대안으로 주목받고 있기도 하다.

090

오존 O_3

지구를 살릴 수 있다는 희망

지상의 재앙, 천공의 방패

복사기를 사용하면 내부에서 고전압이 걸리면서 정전기가 발생하는데, 이 전기적 에너지로 인해 공기 중의 산소 분자(O_2)가 오존ozone (O_3)으로 변환된다. 이 오존이 바로 작동하는 복사기 근처에서 으레 맡을 수 있는 기묘한 냄새의 원인인데, 이 분자의 이름이 냄새가 난다는 뜻의 고전 그리스어 '오존ὄζον'에서 유래했을 정도로 아주 독특한 냄새다.

그런데 오존은 화학적으로 불안정하기 때문에 도로 산소 원자(O)를 내놓고 산소 분자(O_2)로 돌아가기 쉽다. 이를 다시 말하자면 오존은 다른 분자에게 산소를 주는 역할을 하는데, 이런 분자를 산화제oxidizing agent 라고 한다. 강력한 산화제인 오존은 우리가 마시는 물과 먹는 식품을 살균하고 소독하는데 널리 쓰이는데, 만일 우리가 오존 기체를 들이마신다면? 우리의 폐 세포들은 강력한 산화제인 오존의 공격을 받아 망가지게 될 것이다. 그래서 복사기가 즐비한 공간에서 환기는 필수적이며, 대기 중 오존 농도가 높아지면 외출을 삼가야 한다. 기상청에서 오존경보제를 실시하는 이유가 바로 여기에 있다.

하지만 하늘 위 오존은 다르다. 지표면으로부터 20~30km 상공에는 오존이 고농도로 밀집해 있는 층이 있는데, 이를 오존층ozone layer 이라고 한다. 하늘의 오존은 남세균이 광합성을 시작하며 뿜어낸 막대한 양의 O_2로부터 형성되었는데▶24, 저 높은 창공으로 치고 올라간 O_2가 태양으로부터 쏟아지는 강한 자외선에 의해 분해되면서 오존 분자로 변한 것이다. 그리고 오랜 시간 동안 오존 형성과 분해가 평형을 이루면서 지금의 오존층을 만들었다. 태양의 무자비한 자외선은 오존층을 통과하면서 그 세기가 한참 줄어들었고 그 덕분에 지구상의 생물들은 자외선에 의한 절멸의 위험 없이 번성할 수 있었다.

몬트리올 의정서의 쾌거

이 중요한 역할을 하던 오존층의 두께가 얇아져 구멍이 뚫리고 있다는 보고가 1970년대에 등장했다. 원인으로 지목된 것은 에어컨과 냉장고의 냉매로 쓰이던 염화 플루오린화 탄소chlorofluorocarbon 로 흔히 프레온 가스Freon gas 라고 불리는 무색무취의 안정한 기체였다.[16] 당시 이 연구 논문을 함께 발표한 미국 화학자 프랭크 롤랜드Frank Rowland 와 박사후 연구원이던 멕시코 화학자 마리오 몰리나Mario Molina 는 냉매를 제조하고 판매하던 산업계로부터 거센 비판을 받았는데, 프레온 가스를 생산하던 듀폰 사에서 특히 공상과학소설과도 같은 이야기이며 완벽한 넌센스라고 평가절하했다. 하지만 수년 간의 연구 결과 이들의 가설은 사실로 밝혀졌다. 별 다른 문제없이 오존층에 도달할 정도로 화학적으로 안정한 프레온 가스로부터 튀어나온 염소 원자(Cl)가 오존 분해의 촉매 역할을 하는 것이 밝혀진 것이다. 염소 원자 1개가 10만 개의 오존 분자를 능히 분해한다고 할 정도로 악영향이 심각했다.[*]

1985년 남극에 심각한 오존층 소실이 확인되었다는 연구 결과가 나오면서 오존층 파괴 문제는 절체절명의 위기로 비화되었다.[17] 결국 전 지구적 협력이 필요하다는 의견에 따라 1987년 9월 16일, 몬트리올 의정서 Montreal Protocol 가 채택되었다. 몬트리올 의정서는 가입국들이 프레온 가스를 비롯한 96종의 오존층 파괴 물질의 생산과 소비를 차츰 줄이다가 마침내 금지하도록 설계되었다.[**] 다행히도 최근 보고에 따르면 2005년부터 오존층 파괴 물질 농도가 낮아지면서 오존층은 회복되고 있으며, 2035년이면 남극에서 더 이상 오존 감소가 일어나지 않을 것으로 예상된다고 한다.[18] 이 모든 것은 몬트리올 의정서의 내용을 충실히 따른 세계시민들의 쾌거로서 오존층 회복은 인류가 전 지구적인 협력을 기반으로 환경 문제를 슬기롭게 극복한 첫 사례로 기록될 전망이다. 우리가 앞으로 맞닥뜨릴 다른 위기들도 이와 같이 해결될 수 있기를 염원한다.

---

[*] 롤랜드와 몰리나는 오존층 파괴를 알린 대기 화학 분야의 공로를 인정받아 네덜란드 화학자 파울 크뤼천 Paul Crutzen 과 함께 1995년 노벨 화학상을 수상한다.

[**] 초기 46개국이 서명했던 의정서의 가입 국가 수는 현재 197개국에 이르렀다. 대한민국은 1992년 2월에 가입했다.

6부

다시 끝없는 우주를 향해

"이것은 한 명의 인간에게는 작은 발걸음이지만,

인류에게는 위대한 도약이다."

•

닐 암스트롱

Neil Armstrong

———

인류 최초로 달에 발걸음을 내디디며 한 말

과학기술의 발전에 힘입어 인류는 자신들의 터전인 지구상의 물질들을 효과적으로 활용함으로써 문명을 크게 발전시켰지만, 미래를 고려하지 않은 무분별한 개발은 필연적으로 인류의 지속가능성을 크게 훼손하고 말았다. 이에 점차 많은 사람들은 지구 밖 공간에서 인류 문명을 이어가는 것을 꿈꾸고 있다. 현실로 닥친 지구의 위기가 과거 공상과학 소설에서나 나올 법한 이야기를 인류 문제 해결안 중 하나로 끌어올린 것이다. 하지만 대기권 밖 공간은 우리가 일상적으로 접하는 지구 환경과는 너무나도 다르다. 마음껏 호흡할 수 있는 산소는 희박하고, 유해한 우주 방사선이 횡행하며, 온도는 극히 낮다. 지구와 동일한 조성의 대기와 물, 중력이 존재하여 우리가 곧바로 이주할 수 있는 행성은 아직 확인되지 않았다. 하지만 우리에게 주어진 과제가 어렵다고 해서 포기할 수는 없다. 2014년에 개봉한 영화 〈인터스텔라 Interstellar〉의 주인공은 이렇게 말했다: "우리는 답을 찾을 것이다. 늘 그랬듯이. We will find a way. We always have." 이 장에서는 인류의 우주 진출을 위한 필수적인 기술과 그에 관련된 대표적인 화학물질을 다룬다. 빅뱅에서 출발한 우리의 여정은 이렇게 다시 우주로 향한다.

규소 Si

현대 반도체 문명의 기반

최초의 트랜지스터

1947년 벨 연구소Bell laboratory에서는 획기적인 발명품이 탄생한다. 존 바딘John Bardeen과 월터 브래튼Walter Brattain이 윌리엄 쇼클리William Shockley의 전기장 효과를 응용하여 세계 최초로 트랜지스터transistor라고 하는 소자를 만든 것이다. 트랜지스터는 적은 전류로도 전기신호를 크게 증폭함으로써 전류의 흐름을 제어하는 스위치 역할을 하는데, 단순히 전류를 흘려주느냐(on) 마느냐(off)를 결정하는 것을 넘어 on 상태를 1, off 상태를 0으로 표현함으로써 세상의 복잡한 정보를 1과 0만을 활용한 이진법으로 단순하게 처리하는 것은 물론 논리적 연산과 저장까지 수행할 수 있게 해주었다.

이때 트랜지스터에 핵심적으로 사용되는 물질이 반도체半導體, semiconductor다. 반도체는 상온에서 전기 전도성이 도체와 절연체의 중간 정도인 물질을 의미하지만, 반도체의 더 중요한 특성은 외부 환경에 따라 전기 전도성이 극적으로 바뀌는 점이었다. 전류의 흐름을 제어하는 데 이보다 적격인 재료는 없었다. 한편 최초의 트랜지스터는 반도체인 저마늄(Ge)으로 제조되었지만, 이내 같은 14족 원소이면서 구동 중에 발생하는 열에도 잘 견딜 수 있는 규소silicon (Si)가 핵심 반도체 물질로 부상했다.

전산 기반의 전자 문명

1958년 잭 킬비Jack Kilby 와 로버트 노이스Robert Noyce 의 노력에 힘입어 평평한 기판 위에 트랜지스터와 저항, 축전지 등의 소자들을 함께 새겨 제조한 뒤 이들을 얇은 금속 막으로 연결시킨 집적 회로integrated circuit 가 탄생하면서 반도체 기술의 역사는 대전환을 맞이한다. 기판과 소자가 일체가 된 집적 회로의 등장으로 연산 수행 능력은 급격히 발달했는데, 마침 규소는 집적 회로 개발에 이점이 있는 반도체 물질이기도 했다. 집적 회로를 제작할 때에는 전기가 통하지 않는 절연층이 삽입되어야 하는데 규소의 경우 비교적 손쉬운 산화 과정을 통해 표면에 치밀하면서도 안정한 이산화 규소(SiO_2) 층을 올릴 수 있었던 것이다. 그 덕에 1968년 아폴로 11호가 달 착륙을 할 수 있도록 수많은 연산을 수행해야 했던 아폴로 가이던스 컴퓨터에 규소를 기반으로 만든 집적 회로가 사용되기도 했다.[1]

한편 미세 공정 기술의 발전으로 규소 기판 위에 소형화된 반도체 소자들을 더욱 작고 정밀하게 새길 수 있게 되면서 기기에 필요한 소자의 크기가 작아진 것은 물론 작동에 필요한 전력까지 크게 감축되었다. 기기의 정보처리 속도도 비약적으로 증가했다. 트랜지스터가 개발되기 전 진공관을 통해 연산 작업을 수행하던 30톤짜리 최초의 컴퓨터 에니악ENIAC 의 전산 속도가 현재 일반용 전자계산기보다 못하고, 지금 우리 손에 들린 스마트폰의 중앙 처리 장치(CPU) 성능이 1990년대 초반 흔히 486이라고 불렸던 인텔Intel 사의 CPU 성능보다 압도적으로 빠른 것은 모두 고밀도 집적 회로의 개발 덕분이었다.

지금까지 우리가 눈부신 전자 문명의 혜택을 누릴 수 있었던 것은 반도체 산업 기술의 지속적인 발전 덕분에 매초 전산 처리 가능한 정보의 양이 꾸준히 늘었기 때문이다. 하지만 우주라는 더 넓은 세상을 개척하기 위해서는 보다 진일보한 반도체가 사용되어야 할 것이며, 그래야만 반도체가 일구어 놓은 지구상의 전산 기반 전자 문명이 다른 우주 공간에서도 지속될 수 있을 것이다. 새로운 반도체 물질과 설계 및 제조 기술의 발전을 통해 더 많은 정보 처리와 연산 속도를 감내할 수 있는 전 우주적 전자 문명이 실현되기를 기대해 본다.

092

질화 갈륨 GaN

찬란한 푸른 빛을 내는 반도체

발광 다이오드

반도체가 전기적 연산만 하는 장치의 재료로 쓰인다고 생각하면 오산
이다. 반도체 내에서 전하를 운반하는 입자는 양전하를 띤 양공hole 이
거나 음전하를 띤 전자인데, 앞의 것을 p형 반도체, 뒤의 것을 n형 반
도체라고 한다. 그리고 두 반도체를 서로 붙인 'p−n' 접합으로 구성
된 반도체 소자가 바로 다이오드diode 다. 다이오드는 p형 반도체에 높
은 전압을, n형 반도체에 낮은 전압을 걸어줄 때에만 n형 반도체의 전
자가 p형 반도체의 양공과 결합하면서 전류가 흐르므로 전류 방향을
한쪽 방향으로 제어해 주는 소자다.

그런데 n형 반도체의 전자와 p형 반도체의 양공 사이에 에너지 차
이, 즉 밴드 갭band gap 이 존재하는 경우, 재결합이 일어나는 과정에서
그 밴드 갭만큼의 에너지를 가진 빛이 발생할 수 있다. 여기서 에너
지 차이는 반도체를 구성하는 물질에 따라 달라지는데, 빛 에너지(E)
는 빛의 진동수(ν)에 비례한다(E=hν). 그래서 밴드 갭이 작을수록 진동
수가 낮은 붉은빛이, 밴드 갭이 높을수록 진동수가 높은 푸른 빛이 나

온다. 이렇게 특별히 빛을 내는 다이오드를 발광다이오드light-emitting diode, LED라고 부른다.

백색 빛을 찾아서

어두컴컴한 우주 속을 밝히기 위해 산소(O_2)도 없는 공간 속에서 촛불을 들 수는 없는 노릇이다. 그래서 빛은 전기로부터 얻어야 하는데, LED의 발광 효율은 다른 전기 기반의 조명 기기인 백열 전구나 형광등에 비해 월등히 좋다. 실제로 실생활에 쓰이는 조명 대부분이 LED로 교체되고 있는데, 초기 설치 비용은 다소 높을지라도 오랜 시간 밝은 빛을 낼 수 있으면서 운용 및 유지 비용이 훨씬 낮기 때문이다. 그런데 1990년대까지는 지금처럼 LED를 널리 쓰지 못했는데, 가장 큰 이유는 형광등처럼 흰빛을 낼 수 없다는 것이었다. 신호 송출이나 광고의 목적으로 빨간색, 초록색 LED는 잘만 쓰일 수 있었지만, 일상생활의 조명으로 이런 강한 색조의 빛을 쓸 수는 없었다.

일견 해답은 쉬워 보였다. 빛의 3원색은 빨강, 초록, 파랑이므로 각각의 빛을 내는 LED를 적절하게 혼합하면 흰빛이 나올 수 있다. 문제는 빨간색과 초록색 LED는 진즉에 개발되어 널리 보급되었지만 파란색 LED는 그 수준에 이르지 못했다는 것이다. 이 문제를 해결한 사람이 일본 태생의 공학자인 나카무라 슈지中村修二다. 그는 각고의 노력 끝에 반도체 물질 중 하나인 질화 갈륨gallium nitride (GaN)으로부터 세계 최초로 대량생산 가능한 파란색 LED를 만들어 내는 데 성공했다. 이러한 성과에 힘입어 RGB로 표현되는 모든 디스플레이, 모니터에 쓰이는 빛의 근원은 LED로 교체되었고, 앞서 언급했듯이 실생활의 조명들 역시 백색의 LED로 교체되었다. 지구 주변을 공전하는 국제우주정거장 ISS 내에서도 LED가 조명으로 쓰이는데, 일출과 일몰을 하루에 한 번씩만 보는 지구상의 사람들과는 달리 하루에 10번 이상 해가 뜨고 지는 것을 보게 되는 우주정거장 사람들의 생체 리듬이 깨지는 것을 막기 위해 LED 조명 시스템이 요긴하게 쓰이고 있다.[2]

LED는 기존 조명 시스템이 가지는 환경오염 및 낮은 효율 문제를 획기적으로 개선할 수 있었다. 이러한 공로로 나카무라 슈지는 다른 두 일본인 학자들과 함께 2014년 노벨 물리학상을 수상했다. 그런데 나카무라 슈지는 2005년 당시 일본 국적을 버리고 미국 시민권을 취득한 상태였다. 그 이유는 놀랍게도 자신이 몸담았던 회사인 니치아日亜와의 마찰 때문이었는데, 질화 갈륨 LED 특허를 둘러싼 분쟁과 신뢰할 수 없는 사법 제도의 모순을 몸소 겪은 뒤 그는 "일본을 사랑했지만 일본 시스템에는 실망했다"며 자신의 조국을 등진 채 미국으로 건너갔다.

093

루비 Cr:Al₂O₃

초장거리 레이저 광통신의 가능성

빛으로 정보를 전달하다

이탈리아의 발명가 굴리엘모 마르코니 Guglielmo Marconi 가 무선 전신기를 발명하여 1901년 대서양 횡단 무선 통신에 성공한 뒤 전자기파를 통한 장거리 통신이 전 지구적으로 실용화되었다. 그리고 무선 통신의 발전 덕분에 우리는 휴대 전화를 통한 무제한 인터넷 연결의 혜택을 누리며 살고 있다. 무선 통신에 사용되는 전자기파는 통상 라디오파 radiowave 혹은 전파라고 부르는데 이는 대체로 주파수가 $3THz$(테라헤르츠) 이하인 전자기파다.•

그런데 이렇게 주파수가 낮은 전파는 전달 과정에서 신호의 세기가 약해지고 외부 방해에 의해 쉽게 왜곡될 수 있다. 그래서 전파보다 주파수가 높은 전자기파를 활용한 통신이 시도되었는데, 그중 가장 직관적인 것은 시각적으로 바로 인지 가능한 가시광선을 이용한 광光통신이었다. 역사를 따지자면 광통신이 전기통신을 훨씬 앞서는데, 항해하는 선박에 위치를 알려주는 등대나 적군의 침입을 알리는 봉화도 일종의 광통신이라고 할 수 있다. 광통신은 전기통신에 비해 신호의 손실이 낮고 혼선이 빚어질 가능성이 낮은데, 특히 전반사全反射••가 가능한 광섬유가 개발되면서 현대 정보 통신 기술의 핵심으로 자리 잡게 되었다.

복사 유도 방출에 의한 빛 증폭

광통신의 발전에 결정적인 기여를 한 발명 중 하나는 레이저laser의 개발이었는데, 레이저 빛이 출력이 세고 직진성이 매우 강한 데다가 외부 환경에 의한 왜곡이나 간섭의 가능성이 무척 낮기 때문이다. 이러한 특성은 1917년에 독일의 물리학자 알베르트 아인슈타인이 이론적으로 그 가능성을 제안한 유도 방출stimulated emission이라는 현상에 기인한다. 1959년 미국의 물리학자 고든 굴드Gordon Gould는 이러한 유도 방출 이론에 더해 높은 출력의 빛을 만들어 내는 장치를 구상했고, 이를 '복사 유도 방출에 의한 빛 증폭light amplification by stimulated emission of radiation'이라고 명명했는데, 앞 글자만 따와 'LASER'라 불렀다.

그리고 굴드가 제안한 레이저는 이듬해 미국의 물리학자 시어도어 메이먼Theodore Maiman에 의해 현실이 되었다.[3] 1960년 5월, 인류 최초의 레이저 빛이 메이먼이 개발한 장치 속에 들어 있는 루비ruby로부터 방출되었다. 루비는 모두가 잘 알다시피 보석의 일종인데, 화학적으로는 크로뮴(Cr)이 일종의 불순물로서 소량 첨가된 산화 알루미늄(Al₂O₃)이다. 메이먼은 레이저 빛을 발생시킬 매질로서 막대 모양의 루비를 합성했고, 양 끝을 정밀하게 갈아 평행한 면을 만든 뒤 거울 역할을 할 은(Ag)을 입혀 레이저 발생을 위한 장치를 성공적으로 만들어 냈다. 이루비로부터 발생한 레이저 빛의 파장은 694.3nm(나노미터)[***]로, 붉은 빛 레이저였다. 이후 레이저의 활용에 주목한 전 세계 수많은 연구진에 의해 다양한 매질이 개발되었고, 갖가지 다양한 색의 레이저 빛이 세상에 쏟아져 나왔다.

진공이나 다름없는 우주 공간을 가로지르는 레이저 빛은 아무런 간섭 없이 신호를 먼 거리까지 전송할 수 있다. 실제로 미국의 스페이스엑스Space X가 제공하는 위성 통신 서비스인 스타링크Starlink는 지구를 돌고 있는 여러 개의 인접한 인공위성들이 레이저를 이용하여 신호를 주고받고 있다. 전파보다 훨씬 빠르고 손실이 없는 레이저 기반 위성 간 통신이 가능해지면서 전 세계 초고속 인터넷 서비스 제공이 현실화되고 있다. 그리고 우주공학자들은 이러한 레이저 연결망이 효과적으로 지구 밖으로 확장될 수 있다면 빠른 무선 광통신을 기반으로 한 우주 개척이 더욱 활발해질 것으로 기대하고 있다.

- 전자기 파동이 초당 3×10^{12}회 이하로 진동하는 것을 의미한다.
- 빛이 굴절률이 큰 매질에서 작은 매질로 굴절할 때에, 입사각이 임계각보다 크면 굴절하지 아니하고 전부 반사되는 현상을 전반사라고 한다.
- nm(=nanometer)는 10^{-9}m를 의미한다.

094

리튬 Li

전기 문명의 도약을 이끌 2차전지의 핵심 소재

전하를 꺼내 먹어요

현대 과학기술 문명은 전기 없이는 그 어떤 것도 제대로 돌아갈 수 없다. 그래서 전 세계의 발전소에서는 다양한 방식을 통해 위치 에너지, 화학 에너지, 빛 에너지 등을 전기 에너지로 전환한 뒤 송전선을 통해 각종 산업 시설과 가정에 24시간 매일 공급하고 있다. 그리고 우리가 사용하는 모든 전자 기기들은 벽면에 설치된 콘센트를 통해 연결되었을 때 비로소 작동 가능하다. 그런데 전자 기기가 항상 벽에 붙어 있어야만 구동된다는 것은 공간상 큰 제약이다. 물이 든 그릇처럼 전기 에너지가 담긴 부품이 있다면 전자 기기를 자유롭게 가지고 다니면서 작동할 수 있지 않을까?

근대적인 의미의 전기 에너지 저장이 가능한 장치로서 처음 고안된 것은 18세기에 만들어진 라이덴 병 Leyden jar 이다. 유리병 안에 금속을 입힌 라이덴 병은 정전기를 가둬놓을 수 있었고, 미국의 벤저민 프랭클린 Benjamin Franklin 은 하늘에서 내리치는 번개로 라이덴 병을 충전시키는 위험천만한 실험을 진행하기도 했다. 이때 프랭클린은 라이덴 병

4개를 한 묶음으로 사용했고, 이를 여러 대의 화포가 포함된 포병부대에 빗대 배터리battery 라고 불렀다. 시간이 흘러 배터리는 저장된 전기 에너지를 공급해 줄 수 있는 부품을 이르는 단어로 쓰이게 되었고, 우리말로는 연못에 고인 물처럼 많은 전기 에너지를 담는다고 하여 '연못 지池'를 써서 전지電池 라고 부른다.

충전과 방전이 가능한 배터리

오늘날 쓰이는 전지의 대부분은 산화-환원 반응을 통해 화학 에너지를 전기 에너지로 전환하는 화학 전지이며, 1800년 이탈리아의 물리학자 알레산드로 볼타Alessandro Volta 에 의해 최초로 발명되었다. 그러나 볼타가 개발한 화학 전지의 산화-환원 반응은 거꾸로 돌릴 수 없는 비가역반응이었기 때문에 한번 사용을 마치면 다시 사용할 수 없어서 버려야 했다. 이를 1차전지primary cell 라고 부른다.

반면 1859년 프랑스 물리학자 가스통 플란테Gaston Planté 가 개발한 납(Pb) 축전지는 가역적인 산화-환원 반응을 기반으로 작동했기에 사용 이후 충전을 통해 재사용할 수 있었다. 이렇게 충전과 방전을 반복하며 거듭 사용할 수 있는 전지를 2차전지secondary cell 라 부르며, 일회용이 아닌 2차전지를 사용하면 쓰레기 문제도 줄고 편리하게 재사용할 수 있으므로 관련 연구가 급속도로 진행되었다.

2차전지 발전 역사에서 가장 중요한 발명은 가장 가벼운 금속인 리튬lithium (Li)을 전하 운반체로 활용한 리튬 이온 전지다. 일본의 공학자인 요시노 아키라吉野彰 는 환원 전극cathode 으로 리튬 코발트 산화물

(LiCoO₂)을, 산화 전극anode 으로 흑연 탄소 물질을 사용하는 전지를 고안했는데, 1991년 일본의 전자 기업 소니Sony 가 세계 최초로 이를 상용화하는 데 성공하면서 2차전지 및 휴대 기기 시장에 큰 변혁을 몰고 왔다. 리튬 이온 전지는 작고 가벼우면서도 에너지 밀도와 출력, 사용 시간 등에서 기존의 2차전지를 능가했기에 점차 많은 무선 기기에 쓰였다.

리튬 이온 전지는 지속적인 기술 혁신을 통해 2차전지 시장의 대부분을 석권하고 있으며, 우주인들의 활동을 위한 전력 공급원으로도 널리 사용되고 있다. 우주 개척을 위한 모든 활동 역시 전기 에너지를 기반으로 하기 때문이다. 최근 학자들은 폭발 및 화재 문제를 해결하고 전지의 용량을 늘리는 한편, 저렴한 대체 소재를 활용함으로써 보다 효율적이면서도 안전한 차세대 전지 개발에 박차를 가하고 있다. 전기 에너지를 공간의 제약 없이 무제한으로 전달해 줄 수 있는 기술이 개발되지 않는 한, 리튬 이온 전지를 위시한 2차전지 시장의 발전은 앞으로도 무궁무진할 것이다.

리튬 이온 전지의 구조

요즘 일상 생활에서 빼놓을 수 없는 리튬 이온 전지 lithium ion battery(LIB)를 구성하는 부분의 명칭과 기능은 다음과 같다.

- **양극** cathode: 환원 반응이 일어나는 곳으로 LIB에서는 리튬 이온을 포함하고 있는 산화물이 주로 쓰인다. 리튬 코발트 산화물(LCO), 리튬 망가니즈 산화물(LMO)이 대표적.
- **음극** anode: 산화 반응이 일어나는 곳으로 양극에서 이동한 리튬 이온을 저장하거나 방출하여 도선에 전류가 흐르게 한다. 가장 널리 쓰이는 재료는 흑연이지만 용량을 높이기 위해 규소(Si)가 활발하게 개발되는 추세다.
- **전해질**: LIB 안에서 리튬 이온이 쉽게 이동할 수 있도록 해주는 물질. 헥사플루오로인산 리튬($LiPF_6$)과 같은 물질을 탄산 에틸렌 ethylene carbonate 과 같은 유기 용매에 녹인 액체를 주로 사용하지만 안정성을 끌어올리기 위해 고체 형태의 전해질을 활용하는 연구도 진행되고 있다.
- **분리막**: 배터리 구동 중 양극과 음극이 섞이지 않도록 물리적으로 분리하면서도 리튬 이온만 선택적으로 통과시킬 수 있는 다공성의 얇은 고분자막. 주로 폴리에틸렌, 폴리프로필렌과 같은 고분자 필름을 사용하며, 잡아당겨서 미세한 기공을 만드는 건식법과 기공을 형성하는 물질을 첨가한 뒤 이를 제거함으로써 다공성 필름을 만드는 습식법으로 나뉜다.

할로젠화 메틸암모늄 납 $CH_3NH_3PbI_{3-x}Cl_x$

페로브스카이트 태양전지

빛을 전기로 바꾸다

발광 다이오드는 p형 반도체와 n형 반도체를 서로 접합시켜 만든 반도체 소자의 일종이며, 끝에 전압을 걸어주었을 때 전자와 양공이 만나면서 빛이 형성되는 원리를 이용한 것이라고 했다.[92] 즉 발광다이오드는 전기 에너지를 효율적으로 빛 에너지로 바꿔주는 소자다. 그렇다면 거꾸로 빛을 전기로 바꿔주는 반도체 소자도 있지 않을까? 이렇게 화학 에너지가 아니라 빛 에너지를 전기 에너지로 전환하는 전지를 광전지photovoltaic cell 라고 한다. 지구상에 설치된 대부분의 광전지는 낮 동안 풍부하게 내리쬐는 햇빛을 전기 에너지의 근원으로 삼고 있다. 그래서 광전지를 태양전지solar cell 라고도 부른다.

태양전지는 다이오드와 정확히 반대 방향으로 작동한다. 반도체 물질에 밴드 갭과 일치하는 에너지를 가진 빛이 입사되면 전자와 양공이 형성된다. 전자는 음전하, 양공은 양전하를 띠고 있으므로 한동안은 서로 정전기적 인력에 의해 가까운 거리에서 붙어 다니는데 이를 엑시톤exciton 이라고 한다. 이 엑시톤은 p−n 접합면에서 분리되어 양공은 p형 반도체로, 전자는 n형 반도체로 이동하고 결국에는 각각 산화 전극과 환원 전극에 쌓이게 되어 전압이 형성된다. 이때 두 전극을 서로 도선으로 연결해 주면 바깥 회로로 전류가 흐르게 된다. 빛 에너지가 전기 에너지로 바뀐 것이다.

고효율 태양전지의 가능성

태양전지는 태양 빛이 여전히 강력한 내행성 우주 공간에서 움직이는 인공위성과 우주선에 전기 에너지를 공급해 줄 수 있다. 단, 전지에 입사된 태양 빛의 에너지를 얼마나 효과적으로 전기 에너지로 전환시키는지가 중요한 문제가 되며, 이를 에너지 변환 효율이라 부른다. 1940년 벨 연구소에서 개발된 최초의 규소(Si) 기반 태양전지는 효율이 고작 1% 수준에 불과했다. 하지만 집중적인 연구 끝에 1958년 세계 최초로 태양전지로 구동 가능한 인공위성인 뱅가드 1호Vanguard I 가 발사되었는데, 여기에 탑재된 태양전지의 효율은 10%에 육박했다고 한다.

태양전지의 에너지 변환 효율을 높이고자 하는 학자들의 연구는 다방면에서 진행되었지만, 언제나 가장 중요한 것은 엑시톤을 만들어 내는 반도체 물질의 종류였다. 지구상에 입사되는 태양 빛과 잘 들어맞는 밴드 갭을 가지면서도 생성한 전하를 효과적으로 이동시킬 수 있어야 했고, 재료를 싸고 쉽게 만들 수 있으면서도 안정성이 높은, 그런 만능 재료가 필요했다. 2009년 4월, 요코하마 대학의 미야사카 츠토무宮坂力 연구진은 할로젠화 메틸암모늄 납methylammonium lead halide 으로 구성된 반도체 화합물이 광전 효과에 도움을 줄 수 있다고 보고

했고,[4] 2012년에는 영국 옥스포드 대학의 헨리 스네이스Henry Snaith 연구진이 이 물질만을 기반으로 한 고체 태양전지를 개발했다.[5] 이 물질이 타이타늄산 칼슘(CaTiO₃)이 주성분인 페로브스카이트perovskite 라는 광물의 결정 구조를 가졌기에, 새로 개발된 태양전지는 페로브스카이트 태양전지라고 불렸다. 페로브스카이트 태양전지 연구 논문이 발표된 2012년 10월, 에너지 변환 효율이 무려 10.9%라는 사실에 전 세계 태양전지 학계는 매우 놀라워했다. 세상 어떤 태양전지도 첫 보고 사례부터 이렇게 높은 효율을 보인 적이 없었기 때문이었다.

많은 학자들의 연구 덕분에 2025년 현재 페로브스카이트 태양전지의 최고 효율은 20%를 훌쩍 넘어섰고, 각종 공정 기술과 구조 개선에 힘입어 상용화가 그리 멀지 않게 되었다. 고효율 페로브스카이트 태양전지의 활용은 우주 공간의 개척뿐만 아니라 화석연료의 사용량을 낮추어 대기오염과 탄소 배출 문제 해결에도 크게 기여할 전망이다.

096

백금 Pt

연료전지의 촉매

전기를 생산하는 전지

태양전지의 한 가지 치명적인 단점은 태양이 가려진 밤에는 전력을 전혀 생산해 내지 못한다는 것이다. 그리고 몇몇 거대한 우주선들은 태양전지가 생산할 수 있는 것보다 더 많은 전력을 요구하기도 한다. 1960년대에 발사된 아폴로계획 우주선들과 우주왕복선, 국제우주정거장에서는 수소(H_2)와 산소(O_2)의 산화-환원 반응을 통해 전기를 생산하기도 했는데, 이러한 형태의 전지를 연료전지 fuel cell 라고 한다. 재료가 지닌 화학 에너지가 다하면 전력 공급이 불가능한 일반 전지와는 달리 연료전지는 연료와 산화제만 공급된다면 지속적으로 전력을 생산할 수 있다. 따라서 연료전지에는 충전의 개념이 없고, 마치 아궁이에 계속 땔감을 넣듯 연료 역할을 하는 H_2를 계속 불어넣는 것이 중요하다.

한편 연료전지에 사용되는 H_2는 무척 가볍기 때문에, 다른 전지들에 비해 무척 가볍다는 장점이 있다. 예를 들어 무게가 12파운드 정도 나가는 250W(와트)짜리 출력의 전지는 한 달 정도 쓰면 방전이 되는

데 같은 무게의 연료전지는 거의 1~2년 동안 전력을 생산해 낼 수 있다고 하니,[6] 무게가 곧 비용인 우주산업에서 연료전지는 무척 매력적인 전기 공급원이다.

값싼 촉매의 필요성

수산화 포타슘(KOH)을 전해질로 사용하는 알칼리 연료전지에서 일어나는 산화-환원 반응을 좀 더 자세히 살펴보면 다음과 같다. 산화 전극에 주입된 수소 기체는 전자를 내주며 다음과 같이 산화된다.

$$H_2 + 2OH^- \rightarrow 2H_2O + 2e^-$$

이렇게 수소로부터 빠져나온 전자는 도선을 타고 환원 전극으로 흘러가며, 전극에 주입된 산소 기체와 만나 다음과 같은 환원 반응을 일으킨다.

$$O_2 + 2H_2O + 4e^- \rightarrow 4OH^-$$

산화 반응의 양변에 2를 곱한 뒤 환원 반응을 더해 얻은 알짜 반응식은 다음과 같다.

$$2H_2 + O_2 \rightarrow 2H_2O$$

즉 연료전지의 반응은 H_2를 태워 물(H_2O)을 얻는 반응이다. 다만 이 반응을 둘로 나눈 반쪽 반응들이 산화 전극과 환원 전극에서 각각 일어나게 분리함으로써 전기가 전극 사이에서 흐를 수 있게 만든 것이 연료전지의 핵심이다. 그런데 연료전지의 가장 큰 문제는 이 반쪽 반응들이 느리다는 데 있다. 이렇게 열역학적으로는 일어날 수 있는 반응이더라도 속도가 너무 느려 활용이 곤란한 경우, 촉매가 난관을 극복하는 데 도움을 준다. 연료전지에서는 백금platinum (Pt) 기반의 촉매가 압도적으로 널리 활용되고 있다. 백금의 표면에 H_2와 O_2가 잘 흡착되어 다음 산화-환원 반응이 빠르게 일어나기 때문이다. 그래서 기체가 흡착될 수 있는 표면적을 최대한 넓히기 위해 나노미터 수준의 작은 백금 입자들이 최대한 많이 흩뿌려진 형태의 촉매가 연료전지에 많이 쓰이고 있다.

하지만 여기에도 문제가 있다. 비록 전에 비해 가격이 많이 하락했다고는 하지만 여전히 백금은 귀금속으로 분류되는 비싼 금속이다. 그래서 연료전지는 발전 효율이 좋고 친환경적이지만, 만드는 데 드는 비용이 너무 높은 것이 흠이다. 그래서 최근 연료전지의 연구는 값싼 금속 재료를 활용하여 비싼 백금을 대체할 수 있는 효율적인 촉매를 개발하는 것에 초점이 맞춰져 있다. 암모니아(NH_3) 대량생산이 값싼 철(Fe) 촉매 개발 이후에 가능했던 것처럼 말이다.[75]

097

질화 붕소 BN

우주방사선을 막는 2차원 소재

2차원 재료의 대유행

2004년 〈사이언스Science〉에 실린 '원자층 두께 탄소 박막의 전자기장 효과'라는 제목의 연구 논문은 물리학, 화학, 재료과학 분야에서 향후 수십 년 간의 새로운 연구 방향을 제시할 정도의 큰 충격을 가져다 주었다.[7] 논문의 저자인 맨체스터 대학의 안드레 가임Andre Geim 과 콘스탄틴 노보셀로프Konstantin Novoselov 는 테이프를 흑연 덩어리에 붙였다 떼었다 반복함으로써 흑연을 구성하는 2차원 판상 구조 한 겹을 이산화 규소(SiO_2) 기판 위에 올려놓을 수 있었는데, 이것이 이론상으로만 언급되던 원자층 두께의 그래핀graphene 이었다. 그래핀은 뛰어난 전기 전도성과 유연성, 높은 투명도로 인해 각종 전자 및 디스플레이 소자에 쓰일 것으로 기대되었고, 전 세계 수많은 연구진들이 지금도 그래핀 연구에 매진하고 있다.

그래핀의 발견 이후 폭발적인 관심이 뒤따르는 것을 본 많은 연구자들은 그래핀처럼 원자층 두께를 가진 다른 2차원 재료의 개발에 큰 관심을 쏟아부었다. 그 결과 붕소(B)와 질소(N)가 그래핀처럼 벌집 모양으로 결합된 판상 물질인 질화 붕소boron nitride(BN), 단층의 전이 금속 칼코젠 화합물transition metal dichalcogenide, 인(P)으로만 구성된 포스포린phosphorene, 그리고 금속과 탄소가 교대로 쌓인 맥신MXene 등이 개발되어 차례로 큰 주목을 받았다.

중성자를 흡수하는 2차원 재료

같은 결합 구조를 가졌으면서도 검은색을 띠는 그래핀과는 달리 질화 붕소는 흰색에 가까웠기에, 질화 붕소는 하얀 그래핀이라고도 불렸다. 그리고 그래핀은 전기 전도성이 뛰어난 반면, 질화 붕소는 대표적인 절연체로서 전기가 잘 통하지 않았다. 그래서 처음에 원자층 두께의 질화 붕소가 등장했을 때 몇몇 그래핀 전문가들은 원자 수준에서 평평한 질화 붕소 위에 그래핀을 얹어놓고 그래핀의 물성을 측정하는 연구를 수행하기도 했다.[8]

이후 질화 붕소의 활용이 주목받은 분야는 중성자 차폐였다. 온갖 핵화학 반응들이 도처에서 일어나는 우주 공간에는 눈에는 보이지 않으나 강한 에너지를 가진 우주방사선이 횡행하고 있다.▶5 우주방사선이 지구에 진입하면 대기 속 분자들과 충돌하게 되어 수많은 입자들을 쏟아내게 되는데, 여기서 수많은 중성자들이 생성된다. 중성자는 전하를 띠지 않아 투과력이 강한 편인데, 이를 효과적으로 막는 재료가 없으면 우주인들의 생명과 전자 장비의 정상 작동이 위협받는다. 그런데 이 중성자를 흡수하는 데 효과적인 원소가 다름 아닌 붕소(B)다. 정확히는 자연계에 존재하는 질량수 10의 붕소-10(^{10}B)이 지구상

원소 중 중성자를 제일 잘 흡수할 수 있다. 가벼우면서도 B를 가장 많이 포함하고 있는 재료로서 원자층 두께를 가지면서 전체 구성 원자 중 절반이 붕소인 질화 붕소를 우주복 및 각종 부품에 사용하면 우주 방사선에 의한 피폭 문제를 현저하게 줄일 수 있는 것이다.

최근에는 2차원 평면 소재인 질화 붕소를 돌돌 말아 튜브 형태로 만든 질화 붕소 나노튜브boron nitride nanotube가 응용성이 높은 중성자 차폐 재료로 주목받고 있다.[9] 이러한 효과적인 차폐 소재의 개발 덕분에 우주 개발은 보이지 않는 위협으로부터 더욱 안전해질 수 있다.

098

케블라 $(C_{14}H_{10}N_2O_2)_n$

질기고 강한 섬유

케블라의 탄생

화학 회사 듀폰에서 일하던 스테파니 퀼렉Stephanie Kwolek은 극한 환경에서도 견딜 수 있는 합성섬유 개발에 몰두하고 있었다. 그는 나일론처럼 카복실기(−COOH)와 아민기(−NH₂)가 만나 형성하는 아마이드 결합(−CONH−)의 반복으로 구성된 폴리아마이드에 관심을 두고 있었다.[84] 하루는 그가 만들던 고분자 용액을 냉각했는데, 용액은 불투명하면서도 잘 흐르는 상태였고 이상할 정도로 고분자들이 잘 정렬되어 있었다. 주변 동료들은 별 가망이 없다고 여겼지만,[*] 퀼렉은 끈기를 가지고 이 용액으로부터 섬유를 만드는 실험을 진행했다. 온갖 난관을 뚫고 마침내 얻어낸 섬유는 놀랍게도 총탄을 막아낼 정도로 질기고 강한, 획기적인 물성을 가진 섬유였다. 발견의 진가를 알아본 듀폰은 1972년에 '케블라Kevlar'라는 이름으로 이 놀라운 섬유를 시장에 내놓았다.

케블라의 굉장한 기계적 물성은 고분자 사슬 간 강한 상호작용 덕분이다. 케블라 고분자는 벤젠고리들이 아마이드 결합을 통해 끝없이

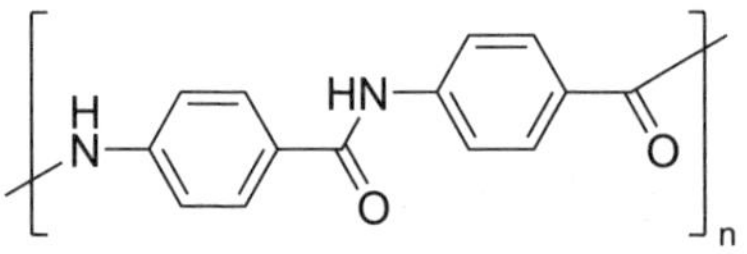

연결되어 있는 형태인데, 이 사슬들이 서로 가까워지면 이마이드 결합 부위 사이에서 수소결합이 형성될 수 있다. 흥미롭게도 케블라의 분자구조상 이 수소결합이 굉장히 규칙적으로 존재할 수 있기에 섬유를 구성하는 고분자 사이의 상호작용이 무척 강한 편이다. 게다가 수소결합 사이에 끼어 있는 벤젠고리들은 서로 차곡차곡 쌓이게 되는데, 이로 인해 고분자 간 인력은 더욱 강해진다. 그 덕분에 케블라는 강하고 질긴 합성섬유의 대명사로 자리매김했다.

우주의 위협을 막는 방패

영화 〈그래비티 Gravity 〉에는 우주에서 빠르게 이동하는 인공위성 잔해에 휩쓸린 많은 인공위성과 우주정거장이 융단 폭격을 맞은 듯 차례로 파괴되는 장면이 등장한다. 이렇게 우주 비행체끼리 연쇄적으로 충돌하여 고속의 우주 쓰레기들이 지구를 가득 둘러싸 우주공간을 위협하게 될 것이라는 재난 가설을 케슬러 증후군 Kessler syndrome 이라고 한다. 아직 그 정도까지는 아니지만, 우주 개발 규모가 지속적으로 확대되면서 우주 쓰레기가 인공위성을 파괴할 가능성은 점차 커지고 있다. 실제로 2009년 2월, 미국 인공위성 Iridium 33과 러시아 인공위성 Kosmos 2251이 충돌하여 수많은 우주 쓰레기가 발생하면서 경각심이 더욱 고조되었다.[10] 듀폰은 더 가벼우면서 기계적으로 강하게 개량한 케블라 제품이 우주 쓰레기로부터 우주선을 안전하게 보호할 수 있을 뿐만 아니라 향후 달과 화성에 건축할 구조물의 안정성에도 도움을 줄 수 있을 것이라고 전망했다.[11]

또한 케블라는 우주 활동을 하는 사람도 보호할 수 있다. 우주 공간에는 우주 쓰레기 정도까지는 아니지만 유성진流星塵이라고 하는 일종의 우주 먼지가 빠른 속도로 떠다니고 있다. 크기가 작기 때문에 먼지 하나가 날아다니면서 우주복 표면에 입히는 상처는 미미할 수 있어도, 장시간 우주먼지 세례를 받다 보면 큰 피해가 발생할 수 있다. 이런 피해를 방지하기 위해 우주복에는 기계적 물성이 강해서 잘 찢어지지 않는 케블라를 이용해 짠 직물이 포함되어 있다. 고요해 보이지만 온갖 충돌의 위협이 도사리는 우주 공간에서 케블라는 우리의 안전을 지켜주는 방패 역할을 해주는 것이다.

•　　당시의 통념에 따르면 합성섬유를 얻으려거든 원료가 엿가락 늘어나듯이 길고 가늘게 뽑히는 유변학적 물성을 가져야 했기 때문이다.

099

폴리아크릴로나이트릴(PAN) $(C_3H_3N)_n$

고성능 탄소섬유의 출발

옷감에서 출발한 탄소섬유의 전구체

폴리아크릴로나이트릴polyacrylonitrile (PAN)은 이중결합을 가지고 있는 아크릴로나이트릴acrylonitrile 을 중합하여 얻은 선형 고분자다. 1930년 독일에서 처음 합성된 PAN은 1938년에 독일 공업화학자 헤르베르트 라인Herbert Rein 에 의해 최초로 섬유로 제조되었고, 1946년 화학 회사 듀폰이 '올론Orlon'이라는 이름으로 대량생산하여 시장에 내놓기 시작했다. 흔히 아크릴 섬유라고 불린 PAN 섬유 기반 직물은 촉감이 좋고 구김이 적은데다가 가볍고 따뜻한 느낌을 줘 합성 섬유 직물로 널리 활용되었다.

그런데 PAN 기반 직물이 널리 사용되면서 희한한 특징 하나가 발견되었으니 바로 PAN 섬유는 가열되면 노란색, 갈색, 최종적으로는 검은색으로 변하더라는 것이었다.[12] 이렇게 검게 변한 PAN 섬유는 용매에 녹지도 않고 심지어 버너 불꽃 안에 집어넣어도 타지 않고 안정하게 남아 있었다. 여러 가지 가능한 화학반응을 조사해 본 결과, 공기 중에서 PAN이 가열되면 섬유는 더 이상 선형 고분자 묶음이 아니라

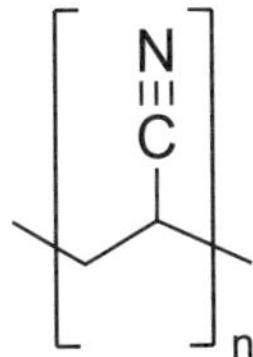

산화성 가교를 통해 한 몸이 된 거대한 탄소 위주의 네트워크 구조가 되는 것을 알 수 있었다. 사람들은 공기 중에서의 적당한 가열이 PAN 섬유로 하여금 불에 넣어도 타지 않게 만든다고 하여 이 과정을 안정화stabilization 라고 불렀다. 이렇게 안정화된 PAN 섬유를 비활성기체 분위기에서 고온 가열하면 다른 원소들은 기체의 형태로 제거되고, 탄소가 전체 함량의 90% 이상을 차지하는 섬유, 곧 탄소섬유가 된다.

흙벽돌의 아이디어

우리 선조들은 건축물의 벽을 만들기 위해 흙을 갤 때 지푸라기를 넣었다고 한다. 이는 섬유 형태의 지푸라기가 흙에 들어가면 균열을 줄일 뿐만 아니라 강도를 높여주기 때문이다. 이러한 보완은 철근 콘크리트reinforced concrete 에서도 찾아볼 수 있다. 콘크리트 자체는 무거운 힘에 눌려도 끄떡없지만 당기면 쉽게 깨질 수 있는 단점이 있다. 그런데 잘 늘어날 수 있는 질긴 철근이 내부에 들어가면 콘크리트는 더욱 강력한 재료가 된다. 이렇게 바탕이 되는 모재matrix 에 성능 보완을 위해 보강 소재가 첨가된 재료를 복합 소재composite material 라고 한다.

20세기 들어 수많은 플라스틱 제품이 각광받게 되었는데, 대부분의

플라스틱 제품들은 가볍기는 해도 쉽게 깨지는 문제가 있었다. 이를 극복하기 위해 플라스틱에 보강재 역할을 해줄 수 있는 다양한 섬유를 집어넣었는데, 대표적인 것이 유리섬유glass fiber였다. 하지만 더 좋은 보강재로서 주목받은 것은 다름 아닌 PAN으로부터 제조한 탄소섬유였다. PAN 기반 탄소섬유의 인장강도는 여타 다른 섬유들보다 훨씬 뛰어난데, 이 분야의 선두 주자 격인 일본의 도레이東レ 사에서 제조하는 T700이라는 PAN 기반 탄소섬유의 경우, 철강에 비해 밀도는 4~5배 정도 낮지만, 인장강도는 10배나 더 높다. 따라서 플라스틱의 경량성을 확보하면서도 높은 강도를 얻기 위해, PAN으로부터 제조한 탄소섬유를 보강재로 활용하여 복합 소재를 만드는 것이 활발히 연구되기 시작했다. 이렇게 만들어진 복합 소재를 탄소섬유강화플라스틱 carbon fiber reinforced plastics (CFRP)이라 부른다.

비록 지금은 PAN 기반 탄소섬유의 가격이 비싸다 보니 여러 분야에 널리 활용되지는 못하고 자전거나 낚싯대, 골프채와 같은 레저 용품으로는 CFRP를 간간이 만나볼 수 있다. 하지만 더 가벼운 몸체를 만듦으로써 운행 시 비용을 줄이는 것을 지상과제로 삼는 자동차, 항공우주 산업 분야에서는 CFRP를 금속을 대체할 구조 재료로서 진지하게 연구하고 있다. 매해 향상된 인장강도와 탄성률을 가지는 탄소섬유가 보고되는 만큼, CFRP가 활용될 수 있는 영역 또한 해마다 늘어날 것으로 기대된다.

100

탄소나노튜브(CNT) C

우주로 떠나는 엘리베이터

우주 공간으로 올라가는 승강기

1957년 소련의 스푸트니크 1호Спутник I가 발사된 이후로 수많은 인공 구조체가 통신, 방송, 기상관측 등의 목적으로 지구 주변을 돌고 있는데, 달처럼 공전하고 있다 하여 이들 구조물을 인공위성artificial satellite 이라 부른다. 인공위성을 공전 궤도에 안착시키려면 지상에서 이들을 실은 채 강력한 추진력을 가지고 지표면을 박차고 날아가는 우주발사체, 즉 로켓이 필요하다. 우주 공간으로 날아간 로켓이 정해진 시점에 인공위성을 이탈시켜 궤도 위에 올려놓는 것이다. 그런데 이 임무를 완수한 로켓은 이내 대기권으로 떨어질 때 발생하는 열로 불타 없어진다. 로켓을 제작하는 비용이 무척 비싼데 이처럼 한 번 쓰고 버리는 것은 무척 아까운 일이다. 그래서 스페이스 엑스와 같은 항공우주 회사는 쏘아 올린 로켓을 회수하여 재사용하는 기술을 개발하기도 했다.

그런데 예전부터 이런 일회용 로켓 문제를 해결하기 위한 공상과학 같은 제안이 있었으니, 바로 지상에서 우주 공간까지 다다를 수 있는 사다리를 놓자는 것이었다. 예를 들어 인공위성으로부터 가늘고 가벼우면서도 기계적으로 굉장히 튼튼한 줄을 지표면까지 드리워 지구와 연결시킨다고 가정해 보자. 그러면 이 줄을 따라서 지상에서 비행체와 갖가지 물건, 심지어 사람들을 우주 공간으로 보낼 수 있다. 또 우주 공간에서 지구로 보내야 하는 것들도 이 줄을 통해 내려보낼 수 있다. 이는 마치 건물 내에 설치된 엘리베이터가 저층과 고층 사이에 많은 물건과 사람을 실어 나르는 것과 비슷하다. 그래서 이러한 구상을 우주 엘리베이터라고 부른다.

가늘고 가벼우면서도 튼튼한 섬유

이론적으로는 우주 엘리베이터가 실현 가능하다고 생각한 학자들은 어느 정도의 질량을 가진 위성을 먼저 쏘아 올려야 하는지, 그리고 거기서부터 지상에 드리울 섬유의 무게 및 기계적 강도가 어느 정도여야 하는지는 이미 계산해 놓았다. 문제는 이러한 요구 조건을 모두 만족시킬 수 있는 섬유 물질이 아직 개발되지 않았다는 것이다. 다만 유망한 재료로서 거론되는 물질이 있으니, 바로 나노 크기의 직경을 가진 튜브 형태의 탄소 동소체인 탄소나노튜브carbon nanotube (CNT)다.

CNT는 흑연을 구성하는 단위인 2차원 판상 재료 그래핀이 돌돌 말린 형태로, 튜브를 구성하는 탄소 원자들은 모두 벌집 모양의 원자 배치를 유지하고 있다. 1991년 일본의 전기 회사 NEC에서 근무하던 이지마 스미오飯島澄男 에 의해 처음 발견된 것으로 알려진 CNT는 특유의 결합 구조로 인해 전기 전도성이 뛰어날 뿐만 아니라 기계적 강도도 우수하다.[*] 예를 들어 단일 벽으로 구성된 CNT의 인장강도는 최대 50GPa(기가파스칼)에 이를 정도로, 1GPa 내외인 스테인리스 철강보다 훨씬 강하다. 그런데다 탄소나노튜브의 밀도는 $1.3 \sim 1.4 g/cm^3$ 수준으로 $7.5 \sim 8.0 g/cm^3$인 철강 제품에 비해 4배 이상 가볍다. 이론상 CNT의 인장강도는 최대 $100 \sim 200$GPa에까지 이를 수 있다고 하니 지금까지 발견된 1차원 물질 중에 CNT가 가장 가벼우면서도 강한 물질임에는 틀림없다.

물론 이렇게나 물성이 뛰어난 CNT가 당장 우주 엘리베이터 건설에 사용되지 못하는 까닭은, 직경이 2nm 이내인 CNT를 결함 없이 수 m 이상 길게 만드는 것이 무척 어렵기 때문이다. 이를 해결하기 위해 수많은 짧은 CNT를 일렬로 정렬시킨 채 서로 얽히고 상호작용하게 함으로써 웬만한 힘에도 잘 견딜 수 있는 긴 집합체 섬유를 만드는 연구가 진행되고 있다.[13] 실제 활용이 이뤄지기까지는 품질 좋은 CNT의 생산 및 섬유 방사 공정의 최적화 등 넘어야 할 산이 많으나, 최근 CNT 기반 섬유의 발전이 그 어느 때보다도 빠르게 이뤄지고 있음은 분명하다.

• 단, 이지마 스미오의 보고가 '최초의 발견'이라고 하기에는 애매한 점이 있다. 왜냐하면 CNT 형성은 소련 과학자들의 1952년 발간 논문에서도 논의된 바 있기 때문이다.[14]

나가며

닭이 먼저냐 달걀이 먼저냐? 이 질문은 화학물질 세계에서 통하지 않는다. 빅뱅을 기원으로 하는 현대 우주론을 받아들인다면, 수소 원자가 먼저라는 답을 쉽게 내릴 수 있다. 그런데 누가 정했을지 모를 열역학 및 화학 반응의 법칙 덕분에 온 세상은 단일하게 수소 원자로만 구성되어 있지 않게 되었다. 연쇄적인 핵합성과 초신성, 우주 공간 전체에서 벌어지는 역동적인 물질 간 화합의 결과는 문자 그대로 극적이었다. 그 결과 무한한 공간의 일부에서 새로운 별이 만들어졌고, 그 별의 폭발에서 새로운 별이 만들어졌다. 그 별이 내뿜는 빛에 기대어 사는 식물이 지구상에 나타났으며, 그 식물이 만들어 내는 물질을 먹고 사는 동물도 세상에 모습을 드러냈다. 그리고 우주를 구성하는 모든 존재는 화학물질을 매개로 서로 소통해 왔다. 이렇게 수많은 화학물질로 뒤덮인 역동적인 세계를 보여주며 수소 원자에게 인터뷰를 요청한다면 아마 이렇게 말할 것이다. "그땐 저도 이럴 줄은 몰랐어요."

그런데 전 우주의 화학물질 역사에서 뛰어난 상상력과 탐구 정신을 겸비한 호모 사피엔스Homo Sapiens 의 출현은 매우 특기할 만하다. 이들은 지성을 발휘해 주어진 환경에서는 발견할 수 없는 화학물질을 만들어 냄으로써 조물주를 모방하는 데 열심이었다. 창조된 새로운 물질의 혜택을 맛보며 자신감이 붙은 우리는 물질 세상을 이해함으로써 삶의 질을 높이고 풍요로운 미래를 만들 수 있다고 공공연히 선언하곤 했다.

하지만 우주적 평형에 대한 고려 없이 세상을 이해하는 것은 아무 소용이 없는 일이며, 심지어 위험하기까지 하다. 이 책에 담긴 100개의 화학물질 중에서 다른 물질과 아무런 소통과 연결 없이 홀로 존재하는 것은 없다. 이처럼 세상의 모든 존재가 서로에게 빚진 채 공존하고 있다는 사실을, 그리고 화학이란 그 공존을 지속 가능하게 하는 수많은 물질의 변화라는 것을 모두가 기억해야 할 것이다. 부디 이 책이 화학을 통해 역동적인 균형을 이루고 있는 세상을 이해하는 데 도움이 되는 수많은 '최소한의' 지침 중 하나가 될 수 있기를.

미주

1부. 가장 작은 우주로부터

1 *Nature* 1931, *128*, 704.

2 *Nature* 1932 *129*, 312.

3 *Phys. Rev.* 1932, *39*, 164.

4 [이지 사이언스] 원전서 나온 삼중수소, 금값 400배 초고가 자원? 연합뉴스, 2024-03-16.

5 [강석기의 과학카페] 100억년 뒤 태양계는 어떤 모습일까, 동아사이언스, 2020-09-29.

6 *Astrophys. J.* 1978, *219*, L133.

7 *Nature* 1985, *318*, 162.

8 *Science* 2010, *329*, 1180.

9 Sagan, C. (1980). *Cosmos*. Random House.

2부. 창백한 푸른 점, 지구

1 [스페셜리포트] 실험실에서 피어난 보석랩그로운 다이아몬드, 매일경제, 2023-12-01.

2 Diamonds lose their sparkle as prices come crashing down, *Guardian*, 2025-01-25.

3 *Sci. Adv.* 2020, *6*, eaay4644.

4 Greenhouse gas concentrations surge again to new record in 2023, WMO, 2024-10-28.

5 Hottest July ever signals 'era of global boiling has arrived' says UN chief, *UN News*, 2023-07-27.

3부. 모든 생명체는 별의 자손이다

1   [기업 현장] 무림P&P, 친환경 펄프-종이공장의 메카. 매일경제. 2012-06-27.

2   *ACS Sustainable Chem. Eng.* 2015, *4*, 35.

3   [칼럼] 당뇨병은 왜 당뇨병일까. *청년의사*, 2013-05-03.

4   International Diabetes Federation Diabetes Atlas (2021)

5   https://www.nobelprize.org/prizes/chemistry/2024/press-release/

6   수불사업 중단… 그 뼈 아픈 역사! *건치신문*, 2019-07-12.

7   東京化學會誌. 1911, *32*, 4.

8   *Journal of State Medicine* 1912, *20*, 341.

9   *Neuroimage* 2021, *237*, 18136.

10 [김용성 칼럼] 행복 호르몬 세로토닌(Serotonin)이 위장관에 더 많다고? *디멘시아뉴스* 2025-02-25.

11 *Science* 2022, *376*, eabj3986.

12 건강 지켜주는 '웃음'… 억지로 웃어도 효과 있을까? 헬스조선 2024-05-25.

4부. 인류의 발견에서 문명의 발전으로

1   All the metals we mine each year, in one visualization. World Economic Forum. 2021-10-14.

2   *Journal of Cleaner Production* 2025, *486*, 144500.

3   탄소배출 심각한 시멘트산업… 수소로 탈출구 마련한다. *월간수소경제*. 2024-06-25.

4   상추 속 박테리아, "젊은 대장암 원인"… '이렇게' 먹으면 감염 위험. *조선일보*. 2025-04-29.

5   [이야기가 있는 맛집] 냉면(4) 19C초 한양엔 냉면 심야 테이크아웃. *주간한국*. 2012-06-02.

6   3만년 전 인간의 품으로 온 개 … 이젠 하품까지 전염되는 사이. *중앙일보*. 2018-02-15.

7   [헬스&뷰티] 동양인의 알코올 분해능력은 서양인 절반 수준. *동아일보*. 2014-06-25.

8   Bioresources and Bioprocessing. 2023, *10*; 20.

5부. 화학 합성의 양날

1   Ann Phys. 1828, 88, 253

2   Aspartame hazard and risk assessment results released. World Health Organization. 2023-

07-14.

3 "제로 칼로리 즐겨 마셨는데 무섭네"…의외의 '부작용' 발칵. *한국경제*. 2024-03-11.

4 '제로 음료'의 배신… 설탕 함유 음료보다 당뇨 위험 더 높아. *동아일보*. 2025-08-04.

5 소시지 논쟁의 핵심 아질산나트륨. *중앙일보*. 2015-11-20.

6 "코로나엔 꿀·버드나무잎"…北, 1호약품·민간요법 총동원. *연합뉴스*. 2022-05-15.

7 Phil. Trans. 1763, *53*, 195.

8 *Brit. J. Exp. Path.* 1929, *10*, 226.

9 *Dumbarton Oaks Papers* 2004, *58*, 197

10 *J. Chem. Soc., Perkin Trans. 1*, 1994, *1*, 5.

11 *Phil. Trans.* 1724, *33*, 15.

12 *Inorg. Chem.* 1977, *16*, 2704.

13 *Ber. Dtsch. Chem. Ges.* 1920, *53*, 1073.

14 *Commun. Earth Environ.* 2025, *6*, 257.

15 UK to finish with coal power after 142 years. BBC. 2024-09-30.

16 *Nature* 1974, *249*, 810.

17 *Nature* 1985, *315*, 207.

18 *Nature* 2025, *639*, 646.

6부. 다시 끝없는 우주를 향해

1 Apollo Guidance Computer and the First Silicon Chips. *National Air and Space Museum*. 2015-10-14. (https://airandspace.si.edu/stories/editorial/apollo-guidance-computer-and-first-silicon-chips)

2 [생활TECH] 우주의 수면등, LED. *테크월드뉴스*. 2019-02-13.

3 *Nature* 1960, *187*, 493.

4 *J. Am. Chem. Soc.* 2009, *131*, 6050.

5 *Science* 2012, *338*, 643.

6 NASA's new moon mission reignites fuel cell research at Ohio lab. *Canary Media*. 2019-07-15.

7 *Science* 2004, *306*, 666.

8   *Nat. Nanotechnol.* 2010, *5*, 722.

9   *Adv. Fiber Mater.* 2024, *6*, 1509.

10 U.S. Satellite Destroyed in Space Collision. *Spacenews.* 2009-02-11.

11 Next-Gen Kevlar Material to Undergo Testing on the ISS for Enhanced Space Debris Protection. *Orbital Today.* 2024-09-28.

12 *Text. Res. J.* 1950, *20*, 786.

13 *Nat. Commun.* 2019, *10*, 2962; *Sci. Adv.* 2022, *8*, eabn0939.

14 *Carbon* 2006, *44*, 1621.

세상을 이해하기 위한 최소한의 화학

초판 1쇄 발행   2026년 1월 15일
초판 2쇄 발행   2026년 2월 2일

지은이 • 김성수

펴낸이 • 박선경
기획/편집 • 이유나, 지혜빈
홍보/마케팅 • 박언경, 김경률
디자인 제작 • 디자인원(031-941-0991)

펴낸곳 • 도서출판 지상의책
출판등록 • 2016년 5월 18일 제2016-000085호
주소 • 경기도 고양시 일산동구 호수로 358-39 (백석동, 동문타워 I) 808호
전화 • 031)967-5596
팩스 • 031)967-5597
블로그 • blog.naver.com/kevinmanse
이메일 • kevinmanse@naver.com
페이스북 • www.facebook.com/galmaenamu
인스타그램 • www.instagram.com/galmaenamu.pub

ISBN 979-11-93301-06-7/03430
값 19,800원

• 잘못된 책은 구입하신 서점에서 바꾸어드립니다.

• '지상의 책'은 도서출판 갈매나무의 청소년 교양 브랜드입니다.
• 배본, 판매 등 관련 업무는 도서출판 갈매나무에서 관리합니다.